应急救援培训系列丛书

应急救援预案编制与演练

赵正宏　著

中国石化出版社

内 容 提 要

本书为《应急救援培训系列丛书》之一，在介绍应急救援整体情况及应急救援基础知识的基础上，结合风险评估知识，着重阐述了应急预案及其编制，最后对应急培训、应急演练以及应急预案的管理进行了叙述。

本书内容系统，结构完整，通俗易懂，突出科学性、实用性、可读性，既可为企业员工应急救援培训之用，也可供广大企业、政府应急管理工作者学习参考。

图书在版编目(CIP)数据

应急救援预案编制与演练／赵正宏著．—北京：中国石化出版社，2019.2(2025.4 重印)
(应急救援培训系列丛书)
ISBN 978-7-5114-4974-0

Ⅰ.①应… Ⅱ.①赵… Ⅲ.①突发事件-救援-方案制定 Ⅳ.①X928.04

中国版本图书馆 CIP 数据核字(2019)第 021489 号

中国石化出版社出版发行

地址：北京市东城区安定门外大街 58 号
邮编：100011 电话：(010)57512500
发行部电话：(010)57512575
http://www.sinopec-press.com
E-mail：press@sinopec.com
北京科信印刷有限公司印刷
全国各地新华书店经销

*

850 毫米×1168 毫米 32 开本 5.75 印张 142 千字
2019 年 2 月第 1 版 2025 年 4 月第 7 次印刷
定价：38.00 元

全面强化应急管理　提高防灾减灾救灾能力

序

经过长期努力，中国特色社会主义进入了新时代。树立安全发展理念，弘扬生命至上、安全第一的思想，健全公共安全体系，完善安全生产责任制，坚决遏制重特大安全事故，提升防灾减灾救灾能力，是新时代提高保障和改善民生水平，加强和创新社会治理的重要思想。

站在新的历史起点，中共中央深化党和国家机构改革，组建了中华人民共和国应急管理部，竖起了全面强化应急管理的里程碑。这一重大改革，将有力推动统一指挥、专常兼备、反应灵敏、上下联动、平战结合的中国特色应急管理体制的形成，促进国家应急管理能力，包括安全生产在内的全面防灾减灾救灾能力的迅速提高，有效防范遏制重特大事故的发生，维护人民群众生命财产安全，提高人民群众获得感、幸福感、安全感。

中国应急管理翻开了新的历史篇章！

新时代我国社会主要矛盾是人民日益增长的美好生活需要和不平衡不充分的发展之间的矛盾，必须坚持以人民为中心的发展思想，不断促进人的全面发展。安全生产是关系人民群众生命财产安全的大事，是经济社会协调健康发展的标志，是党和政府对人民利益高度负责的要求。确保人民群众生命财产安全，是以人民为中心的根本前提和重要保障。

当前，我国正处在工业化、城镇化持续推进过程中，生产经营规模不断扩大，传统和新型生产经营方式并存，各类安全风险交织叠加，企业主体责任落实不力等问题依然突出，生产安全事故易发多发，尤其是重特大安全事故频发势头尚未得到有效遏制。企业应急管理还存在诸多问题，如因风险辨识、隐患排查能力不足，应急准备出现“空白点”；应急预案针对性、简捷性、衔接性不足；现代应急装备缺乏，抢大险救大灾能力不足；从业人员应急意识弱、应急知识少、应急技能低；等等。落实企业安全主体责任，提高防灾减灾救灾能力，是当前安全生产工作的重中之重。新中国成立以来第一个以党中央、国务院名义出台的安全生产工作的纲领性文件《中共中央 国务院关于推进安全生产领域改革发展的意见》强调指出，要建立企业全过程安全生产管理制度，做到安全责任、管理、投入、培训和应急救援“五到位”，要开展经常性的应急演练和人员避险自救培训，着力提升现场应急处置能力。国有企业要发挥安全生产工作示范带头作用。

《应急救援培训系列丛书》以安全发展理念和生命至上、安全第一的思想为指引，坚持生命至上、科学救援的原则，紧绕企业应急管理中存在的问题和石化行业特点，系统阐述了应急救援管理基础、法律法规、预案编制与演练、应急装备及典型案例处置等知识，突出针对性、实用性，适于应急培训之用，也可供广大安全生产和应急管理人员工作参考。相信，该培训系列丛书对于落实企业主体责任，提高企业防灾减灾救灾能力，遏制重特大事故，会起到积极的现实意义和长远的指导意义。

目　录

CONTENTS

第三章 风险评估

第四章　应急预案及其编制

第五章　应急培训与演练

第一章 应急救援概论

应急救援，是在应急响应过程中，为消除、减少事故危害，防止事故、事件扩大或恶化，最大限度地降低事故、事件造成的损失或危害而采取的救援措施或行动。

在生产力极度落后的蛮荒时代，人类祖先常常要面对突如其来的地震、暴雨、洪水、大风、雷电等诸多自然灾害，以及火灾、野兽袭击等紧急情况。由于认知的局限，在这些灾害险情面前，他们基本无能为力，除了逃跑、躲藏等本能的应急反应，几乎没有任何有技术含量的应急行动，结果只能处于被动受害的状态，付出了惨重的代价，而且经常付出的是生命的代价。

人类从未因为灾难而停止前进的脚步。在一次次伤害面前，在一次次与灾害的抗争过程中，人类对各种灾难的认识不断加深，从灾难的征兆、发生到发展、后果等，都有了越来越多的认知，不断总结积累应对灾难的方法、技术。应急技术的进步，大大提高了应急能力的提高。譬如，原始人类搭建草屋抵挡狂风暴雨，学会了制造石器，在自己居住的村落周围开挖壕沟，燃起熊熊篝火抵御野兽的侵袭，等等。这些简单原始的应急方法，是现代应急救援技术和应急管理的萌芽，为人类应对各种灾难奠定了基石。人类的应急认知和技能，随着人类生产文明进程的加速而加速，从起初的本能反应发展到简单的主动应对，并随着工业革命的兴起，迅速步入以应急文化为指导，应急技术做支撑，从被动应急逐步转向主动应对的新时代。

第一节　应急救援的功能

应急救援的功能分为直接功能和间接功能。

一、应急救援的直接功能

1. 预防事故的发生

在生产过程中，当设备、装置、工艺出现重大险情之时，及时启动应急预警程序，对险情进行科学、有序、高效的处置，可以将事故消灭在萌芽之中。

2. 减轻事故危害

事故发生后，根据既定的应急预案，按照科学规范的响应程序和处置要求，充分调动应急指挥、应急队伍、应急装备等各种应急资源，对事故进行抢险救灾，就会有效控制事故的发展，避免事故的扩大与恶化，从而大大减轻事故对人员、财产、环境造成的危害。

3. 避免、减少人员伤亡

在事故险情突发之时，将险情消除，避免事故发生，可以从根本上消除对相关人员生命的威胁，避免出现人员伤亡的情况。

同样，事故发生之后，通过科学及时的应急处置，使得事故得以成功控制，避免了事故的恶化或扩大，也会有效避免、减轻相关人员的伤亡。譬如，富含硫化氢的石油天然气高压气井发生井喷，如果及时点火，就会有效避免人员中毒伤亡事故的发生，如果点火不及时，人员伤亡的后果则成必然。2003 年 12 月 23 日，位于重庆市开县境内的罗家 16H 天然气井在起钻过程中发生井喷失控，大量含有高浓度硫化氢的天然气喷出并扩散，因为没有及时点火，结果造成 243 人死亡、2142 人中毒住院治疗、65000 名当地居民被紧急疏散。

4. 减少财产损失

无论从事故险情的应急处置，还是对事故的应急处置，二者都将或多或少地造成财产上的损失。但是，事故险情被化解与控制，则可大大减轻事故险情，事故对设备、装置等的损害，大大减少财产损失。

5. 减少对环境的破坏

许多事故发生之后，都会对水源、大气造成污染，如运输甲苯、苯等危险化学品运输车辆翻进河流，发生泄漏，直接就会对水源造成污染。如果运输液氨、液氯、硫化氢等危险化学品的车辆发生泄漏，就会直接对大气造成污染。如果应急救援不及时，就会造成非常严重，甚至不可估量的后果。

6. 保障企业生产的物质基础

任何一起事故，都可能造成人的伤害和物的破坏，轻者人伤物损，重者人亡物废，直接威胁到企业赖以生存发展的物质基础。譬如，飞机坠毁，航空公司就失去了部分赖以生存的物质基础；1997 年，北京某化工厂发生的特大爆炸事故，造成 9 人死亡、伤 39 人的同时，由于储罐区报废，直接经济损失 1.77 亿元，也让该厂失去了生产经营的物质基础。对此，可以写成下列公式：

$$特大型国企-安全=0$$

如果当日，该厂当班职工闻到泄漏物料异味，特别是在操作室仪表盘有可燃气体报警信号显示之时，立即进行险情的应急处置，那么这场事故完全可以避免！

7. 维护社会稳定

许多事故发生之后，往往会引起局部地区的社会恐慌，甚至引发社会动荡。如危险化学品运输车辆翻进河流，发生泄漏，对水源造成污染，就会造成相应地区的居民产生恐慌，严重者会引发局部地区的社会动荡，造成非常恶劣的社会影响。

如 2005 年，吉林某石化公司双苯厂苯胺装置硝化单元发生着火爆炸事故，造成当班的 6 名工人中 5 人死亡、1 人失踪，60 多人不同程度受伤；事故还造成松花江严重污染，哈尔滨因此全市停水 4 天，严重影响了沿江居民的正常生活，并跨越国界，引起了松花江流经国俄罗斯的高度关注和强烈反应。这次爆炸事故，不仅造成了重大人员伤亡和经济损失，引发松花江重大水环境污染事件，给松花江沿岸特别是大中城市人民群众生活和经济发展带来严重影响，在国内造成很大的社会影响。同时，水污染事件还引起国际社会的关注，造成了不良的国际影响。

二、应急救援的间接功能

1. 创造巨大的经济效益

通过应急救援，避免、减少了事故造成的人员伤亡或财产损失，会以较少的投入创造良好的经济效益。因为，无论是对人员的抢救治疗，还是对生产的恢复，都要付出大量的资金，在发生重特大事故之时，如果事故没有得到成功处置，事故损失往往是数目惊人的。

2010 年 4 月 20 日夜间，位于墨西哥湾的“深水地平线”钻井平台发生爆炸并引发大火，事发之后，尽管英国石油公司(BP)连续尝试多种紧急补漏方式，但均以失败告终，大约 36h 后，钻井平台沉入墨西哥湾，11 名工作人员死亡。直至 2010 年 7 月 15 日，英国石油公司宣布，新的控油装置已成功罩住水下漏油点，原油才停止向海洋泄漏。此次漏油事故，不仅造成了大量的人员伤亡，而且造成了巨大的经济损失、持久的环境破坏和社会影响。虽然此次事故救援费用高达 10 亿美元，但事情远非到此结束，2010 年 6 月 16 日，时任美国总统奥巴马在白宫宣布，英国石油公司(BP)将创建一笔 200 亿美元的基金，专门用于赔偿漏油事件的受害者。奥巴马在当天的声明中说，这笔基金的金额不是赔付的上限，而且这笔钱有别于 BP 应支付的环境破坏赔偿费用。

2004 年 4 月 15 日晚，位于重庆市江北区的某化工厂发生氯冷凝器穿孔逸出氯气事故，造成 9 人死亡，15 万名群众被疏散，其经济损失稍加细算，也近亿元。

通过预防减少事故、通过救援弱化事故，从而减少了人员伤亡和事故经济损失，是应急救援创造的直接经济效益。同时，通过预防或及时救援也保障了生产经营正常进行，创造了间接的经济效益。

2. 提高企业的市场竞争力

形象代表着一个企业的市场信誉，关系到企业被消费者认可的程度和速度，是企业的无形资产，影响力不可低估。可想而知，一个安全管理混乱，事故不断，令人望而生畏的企业，怎么会具有良好的市场竞争力？

因此，险情、事故若能及时得到成功处置，不仅经济损失会大大降低，而且可以使生产迅速得到恢复，避免、弱化对企业可能造成的不良影响，从而大大提高企业的市场竞争力。

2006 年 12 月 21 日，位于四川省达州市宣汉县的清溪 1 井在井深 4285m 钻遇高压气层，井口发生溢流，钻井队立即采取了停钻循环观察、关井求压、点火泄压等措施，并组织国内 30 多名石油化工、地质等相关专业的专家，包括两名中国工程院院士进行应急处置。由于应急救援及时到位，最终井喷被成功处置，未造成任何人员伤亡。

没有出现人员的群死群伤，避免了极有可能造成人员伤亡的抢救治疗、事故赔偿等巨额开支。而且，此次很可能演变成重大社会事件的事故被成功处置，展现了企业良好的应对危机的意识和能力。良好的应对危机能力，提高了企业的美誉度和公众信任度，间接促进了企业竞争力的提高。

3. 创造良好的社会效益

应急救援能有效避免、减少人员的伤亡和财产损失，保护环境和社会稳定，充分体现了珍爱生命、科学发展、社会和谐的时代理念。如果应急救援工作在全社会得到全面、科学、规范的开展，必将大大减少事故造成的人员伤亡和经济损失，为建设美好和谐的小康社会创造良好的外部环境和可靠保障，这是一种难以估价的社会效益。

三、应急救援功能特性

应急救援的功能特性，突出表现为效果的直接性，但是，也具有应急管理相一致的不确定性、间接性、多效性。

1. 直接性

采取应急救援的措施或行动之后，从总体来讲，可以直接得到两种结果，要么成功，要么失败，如果细化，则可以分为成功、基本成功、基本失败、失败等情形。

而在这成功或失败的结果中，是否造成人员的伤亡、设备的损坏、生产的中断等结果也是直接就会得到的。

任何一次应急救援行动，都会直接得到相应的结果，这是应急救援功能与应急管理功能最为不同之处。

2. 不确定性

事故的发生时间不可预定，事故所造成的后果也不可量化。同样的事故原因，可以造成轻微的损失，也可能造成巨大的伤亡。应急救援，通过避免、减少事故伤亡和经济损失所带来的效益明显存在，但其具体数值却是不确定的，可能巨大，也可能微小。

3. 间接性

应急救援，在通过减少事故造成的人员伤亡和财产损失的同时，保障了从业人员的安全和健康，实现了生产的长周期运行，提高了劳动效率，在保障生产经营的顺利进行中，间接地创造出经济效益。

4. 多效性

应急救援，不仅能保障人员的生命免受威胁，直接和间接地创造经济效益，而且，还能保护环境，稳定社会，营造和谐，创造良好的社会效益，因此，具有多效性。

第二节 应急救援体系

一个完整的应急救援体系，应该保证有健全的指挥机构，采用有效的方式组织相应的人员协调行动，运用一定的物资装备，按照科学的程序、明确的要求，进行及时有效的应急救援。因此，一个完整的应急救援体系的内容与建立如下。

1. 应急预案

应急预案，是应急救援体系的支撑核心，是确保应急救援成功的“作战方案”。要建立科学的应急救援体系，首先必须编制完善的应急预案，有了完善的应急预案，各项工作就会科学有序地开展。

2. 指挥机构

统一指挥，步调一致，协调应对，是应急救援的重要原则。因此，在编制完成应急预案之后，就应根据不同的响应级别，明确相应的应急指挥机构。

应急指挥机构，包括企业、政府两个层面，每个层面又须按响应级别进行分级。

3. 应急人员

如果把应急救援行动当作一次“战斗”的话，那么要形成“战斗力”，就必须有“将”、有“帅”、有“士兵”。应急人员就是应急行动的“将、帅、士兵”。

这些应急“将、帅、士兵”，包括应急指挥人员，专业应急救援队伍，也包括现场应急处置人员，也包括社会兼职应急人员，应据需而备。

4. 行动程序与要求

打仗须有章法，应急务讲程序。应急行动的程序与要求，是应急预案的重要内容，也是应急体系的核心内容。明确应急行动的程序和要求，是应急行动成败的关键。

5. 应急物资与装备

部队打仗要用枪，遇河要架桥。应急救援也是如此，必须根据预案要求，针对可能的事故处置需要，配备充足实用的专用应急救援装备，储备相关的应急救援物资，以便遇火能灭，遇门能破，遇高能攀，遇水能过，高效救援。

6. 通信与信息保障

信息的及时沟通，对于事故的应急指挥与行动成效往往起着决定性作用。如果事故现场的信息不能及时传送到指挥部，指挥就失去了决策依据，反过来，如果指挥信息不能及时传达到应急人员，应急行动就可能群龙无首，各自为战，甚至盲目应对。所有这些，都会降低救援的效果，甚至造成事故的恶化和扩大。因此，必须建立有力的通信与信息网络，保证应急信息的畅通，提高救援的效果。

7. 外部力量援助

许多事故的成功处置，仅仅依靠本企业、本地区的力量难以完成，这就必须借助外部力量的援助。事故的后果永远是不确定的，而且是不重复的。一个预案体系，只考虑本企业、本地区的救援力量，不考虑外部力量的支持，永远是不完整的。应急救援体系运行图如图 1-1 所示。

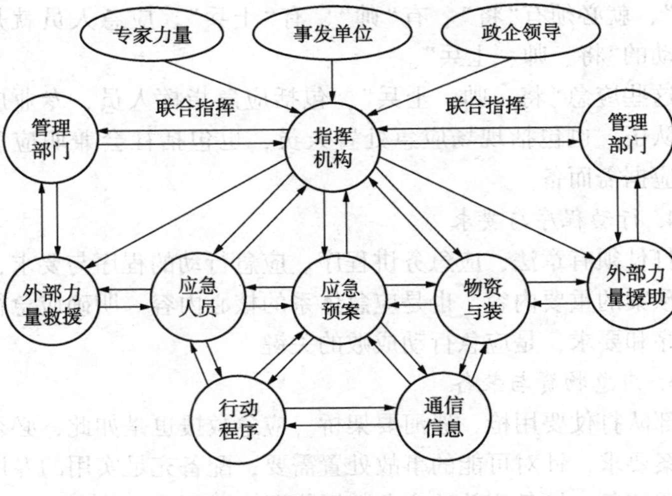

图 1-1 应急救援体系运行图

第三节 应急救援经验与教训

工业革命是迄今为止人类发展史上功率最大的推进器。人类社会因此迅速发生了翻天覆地的巨大变化。

然而，人类在尽情享受工业革命带来的丰硕成果的同时，也吞咽着工业革命带来的苦果。自工业革命以来，难以计数的人们在机器的轰鸣中死亡。机器巨大的轰鸣，既是现代人的胜利欢呼，也是死亡者的悲痛呐喊！时至今日，在繁忙的工厂里，上班的马路上，轻松的旅途中，温暖的家庭里，生命都会因机器、车船、飞机、毒气、电力而受到死亡的威胁。但是，人类社会永远不会停下前进的脚步，不会因工业革命带来的生命伤害而关上发展前进的大门，仍会一如既往，不断探索，向着美好的未来挺进！

人们从一次次事故中，不断总结经验，吸取教训，通过改进设备，改进工艺，提高防范技能，让生命一步一步朝着平安迈进。今天，在全球范围内，应急救援成为生命财产的最后一道坚强保障，已经成为共识。

然而，几十年时间，在人类的历史长河中只是非常短暂的一瞬。在这短暂的一瞬中，虽然应急救援从理念提出到方法的探索都取得了巨大的进步，积累了一定的经验与教训，但总体上仍不成熟，需要不断总结成功的经验与失败的教训，从理论上、方法上研究、探索、改进、提高，不断提高应急救援保障能力！

一、应急救援成功经验

人们在数十年的理论探索与生产实践中，在应急救援方面总结出了许多大大小小的成功经验，这些成功经验有些已经起到广泛的指导作用。这些国内外的成功经验归纳如下：

1. 成功经验的总体表现

(1) 建立应急管理体系

在很长时间内，对于事故的应急处置，只是停留在事发这一环节上，就事论事，没有从事前、事中、事后建立一个闭环运行、不断改进的管理系统，没有进行全面的危险源辨识与评估，对各种情况下，譬如事故恶化状态下的应急没有做充分研究，应急准备、应急方法出现“薄弱点”，甚至是“空白”，结果可想而知。另外，也出现了重思想要求、轻科学指导的现象，只提倡“一不怕苦，二不怕死”的大无畏的革命英雄主义精神，而忽视科学避险、视情放弃抢救、及时逃生的科学救援理念与方法的灌输，因此，导致事故恶化升级，伤亡和财产损失扩大化的事件时有发生。

人们在长期的实践中认识到，只有建立完备的应急管理体系，从事前、事中、事后进行全过程的管理，才能使应急救援在思想上有准备，操作上有预案，人员、装备、物资、技术等有保障的情况下进行，确保应急救援行动的成功。

(2) 建立应急救援体系

应急救援是应急管理的核心内容。因为事故的行业性、事故原因的多样性、事故情形的复杂性、事故发展的迅速性，应急救援成为一项极为复杂的工作。面对如此复杂的工作，必须寻求一种通用的以不变应万变的工作方法，由此催生了应急救援体系的建立，即：搞好应急救援，必须从预案编制、机构人员、物资装备、通信信息等方面建立一个有机统一协调运行的应急救援体系。

建立了规范的应急救援体系，就会面对险情“会打仗”——有预案，面对险情“能打仗”——有人员、有装备，面对险情“打胜仗”——有备而战，战则能胜，因此，应急救援体系是应急救援成功进行的重要保障。

(3) 应急预案科学周全

应急救援预案是应急抢险的“作战方案”。在很长的时期内，人们对事故的处理方案只是停留在就事论事的现场处理方案上，没有从事故的指挥程序、救援形式等方面开展工作，使得应急救援预案很不完整。同时，有些预案制定得不周全，譬如对风险的辨识不清，对事故恶化的准备不足，甚至有些预定措施不科学、不实用。预案的不科学、不周全，导致一些事故在发生之后，出现报警不及时，指挥不得力，事故恶化不知如何寻求外部救源力量等，从而导致小事故演变成大事故，大事故恶化成特大事故。

现在，越来越多的人们深刻认识到了应急救援预案科学周全的重要性，许多政府、企业会成立专门的预案编制小组，从人员、时间、财力上提供充分的支持，而且认真进行专家论证，努力编制出系统完整、科学实用的应急预案。

（4）应急保障措施到位

编制应急预案，以有备、有序地进行事故的应急处置，目前正成为人们的共识与行动，从中央到地方、从政府到企业，应急预案的编制已经成为政府、企业应急救援的一项基础性工作。

然而，事实证明，光有应急预案是不够的。编制完成应急救援预案，只是完成了应急救援的“作战方案”，是纸上谈兵。“作战方案”再科学、再周全，如果没有专业的人员、装备、物资技术及财力作保障，依然无法打胜仗。要打胜仗，不仅“作战方案”要科学，更须相关的应急人员、应急装备、应急装备、应急资金等保障性措施实施到位。当前，还有很多人对编制应急预案报以应付心理，只编制了预案，但对于相关的人员培训、设备配备、专项资金、应急演练等保障性措施却不管不顾，等到事故发生了，还是不能及时有效地进行事故救援。更多的企业是怕花钱，心疼钱，重软件建设，轻硬件配置，等到发生事故了，才真正认识到应急保障措施的重要性。

（5）不以结果论成败

从应急救援的发展历程来看，在很长的一个时期内，没有建立起标准化的应急救援评估体系，没有“救援标准”来衡量救援的成败，便只能从事故的最终结果来考察救援的成败。事实上，这是错误的，至少是不全面的。

任何事故的发生，无论救援的成功与否，都可能导致人员的伤亡和财产的损失。怎么才算成功呢？过去，只要发生了群死群伤重大恶性事故，救援工作做得再多，往往也不被认可，这既不合理，也不科学。

救援成功，概括来讲，就是只要对应急管理到位，应急预案科学周全，应急保障措施到位，按照应急预案的程序进行了有序的应急救援，这样的应急救援从总体上就应是成功的。如果出现应当避免、能够避免，而没有避免的情况发生，那么，即便结果并未恶化，这种应急救援也是失败的。这个失败，可能是预案编制的失败，可能是应急保障的失败，也可能是组织实施的失败。总之，不能不顾救援的过程而从只从结果上来判定成败。

(6) 视情逃生理念得到公认

从传统上讲，发生事故，奋勇抢险、永不放弃的做法被广为认可。但是，随着人们对科学的认识不断提高，这种传统观念正在迅速转变为视情放弃，科学逃生。譬如，当看到一个着火的油罐白烟滚滚，抖动啸叫，爆炸已经不可逆转之时，应该立即停止现场的灭火行动，将灭火人员及时撤离到安全地带，避免爆炸对抢险人员造成重大伤亡。这种抢险操作终止，其实就是最正确的抢险操作。

对此理念，已经从一种认识上升为一种方法，即更多的人们将何种情况下应弃救逃生作为应急救援的一项重要内容。如果在新的危险到来之时，不能及时视情放弃抢救，及时逃生，而依然英勇抢救，最终造成重大伤亡，特别是救援人员的伤亡，那么这种行为将不会再被冠以英雄的伟大壮举，而只能被称作无知者的愚蠢行为。

2. 成功经验的具体表现

在应急救援实践中，上述成功经验有以下 7 种具体表现：

（1）预案科学，实施正确

预案的编制从组织、人员、时间、经费等方面都得到了良好的保障，就会编制出具有良好针对性、实用性、科学性的预案，只要正确实施，救援行动就会取得成功。

（2）报警及时，行动迅速

时间，对应急救援行动的成功非常关键。早一秒报警，早一秒行动，抢险就多一分主动，多一分成功。

（3）指挥得力，配合默契

应急预案的启动与过程实施，都是在指挥部的指挥下进行的，指挥正确得力，各方应急力量配合默契，协调行动，就为救援行动的成功打下了坚实的基础。

（4）程序规范，操作正确

应急响应程序与具体操作是否正确，是化解险情、控制事故的关键。对任何情况，有预案也好，无预案也罢，只有遵照规范的程序，科学正确地操作，才能彻底化险为夷。

（5）装备齐全，物资充足

装备与物资是应急救援的“硬件”，“硬件”不过硬，出现打仗没有枪，有枪没子弹的情形，怎么能打胜仗？只有与预案相配套的装备配备到位，相应的救援物资充足，才能打硬仗，打胜仗。

（6）培训到位，技术全面

人是应急救援行动的主体，应急人员的素质高低，决定着应急救援的效率高低，结果的成败。要提高应急救援人员的素质，应急培训就必须到位。应急人员技术全面，就会正确指挥，正确操作，特别是机动灵活地应对新情况、新问题，从而保证在复杂的情况下，都能取得应急救援的成功。

（7）信息公开，过程透明

社会力量对应急救援的成功具有不可忽视的重要作用，

如果不能获得公众的理解与支持，一些交通管制、人员疏散、物资调用、人员调用等措施就不会得到顺利地实施，从而影响整个救援行动的进程与结果。因此，将救援信息及时发布，做到全过程公开透明，对于赢得群众理解，稳定群众情绪，获得外界支持，保障社会稳定，保障救援行动的圆满成功，都具有重要作用。

二、应急救援失败教训

回望历史，应急救援的失败案例远多于成功案例，按照常理，应急救援失败的教训应该更多一些，但事实并非如此。事实上，应急救援失败的教训具有很大的重复性，也就是说从具体的每一起事故救援失败原因上进行分析，具有很多的相似性、重复性，从总体上归纳，失败的教训不多。

这种成功经验与失败教训的反差，应该对应急救援工作形成一种指导：吸取失败的教训固然重要，但总结成功的经验，并不断解决问题的新方法、新思路更为重要。

1. 失败教训的总体表现

应急救援的失败教训，从总体上分，主要包括以下几点：

(1) 没有编制应急预案

许多单位对待事故的防范与处置，还是经验式管理而非预防式管理。即只针对已经发生的事故制定简单的现场处置措施，在安全操作规程中列出，而没有事先对潜在的危险进行全面的辨识与评估，从组织机构、响应程序、保障措施等方面全盘考虑，编制系统完整的应急救援预案，许多不曾考虑到的“意外”情况发生，就会造成应急救援的失败。

(2) 应急预案不完整，不科学

随着政府应急救援工作的强化，应急救援受到了广泛的重视和理解，许多单位都编制了事故应急救援预案，但是，许多应急预案由于缺乏有力的组织、专家的支持、经费的保障，而编制得不系统、不完整、不科学，有些“四不像”——比原来的事故处理措施系统了，但又离规范的应急预案编制要求相去甚远。预案不科学、不完整，也容易带来救援行动的失败。

（3）应急管理体系没有建立

应急管理体系是从事前、事中、事后进行管理的全过程管理体系，现在许多地方应急管理体系没有建立，对应急救援特别是重大事故应急救援的成功带来了严重制约。譬如应急组织机构没有建立，对情况复杂、救援难度大的救援行动，不能从应急信息的沟通、应急力量的协调上满足救援行动的需要，就无法取得救援行动的圆满成功。

（4）应急保障不到位

这一问题在实际生活中非常突出。应急预案有了，要在实际救援中真正发挥作用，离不开人员、队伍、装备、物资等保障措施到位。然而，现在许多企业有了预案，却未能建立相应的机构、成立相应的队伍、配备匹配的装备。应急保障不到位，拿着预案纸上谈兵，救援行动怎么能成功呢？

2. 失败教训的具体表现

应急救援的失败教训主要有以下 6 点：

（1）没有预案，应急混乱

只要编制了应急预案，哪怕还存在预案不系统、装备不到位等问题，事故发生之后，救援行动往往还会遵循一定的程序，有些“章法”，救援行动可能失败，但是，失败的可能性小了很多，特别是后果会在相当程度上得到弱化。

而如果没有应急预案，没有遵循一些至为关键的程序进行处置，就不能有备而战，从容应对。没有准备，匆忙应对，极易造成应急行动的混乱。如此一来，不仅救援失败的可能性增大，而且事故后果往往急剧恶化。譬如 2003 年重庆开县特大硫化氢中毒窒息事故，当时气井中大量含有高浓度硫化氢的天然气喷出并扩散，没有及时点火，没有及时疏散周围群众这两个环节发生重大失误，是最终造成243人死亡、2142人中毒住院治疗恶果的重要原因。

(2) 方案不当，指挥失误

应急预案不科学，主要体现几个方面：一是对危险源及其风险辨识不足，没有预案的“意外险情”太多；二是事故应急处置的程序出现重大错误；三是救援形式的单一，只考虑自救，没有考虑寻求外部力量救援，或者只有笼统的要求，没有可操作性的措施，如要寻求地方支援，却不知道该找谁，知道该找谁，却因不知道联系方式而找不到；四是没有明确放弃抢救逃生的情形；等等。

从理论上讲，应急预案要做到百分百地科学、完整，特别是要考虑到任何一种意外情形，是不可能的。但是，预案出现明显的程序上的错误、指挥上的错误，往往是致命的，因此，预案可以做到不完整，但是应该做到既定的预案内容是科学的，如若不然，就可能导致应急救援的重大失败。

另外，现场指挥失误的现象也比较普遍，有些还非常典型。譬如，面对即将发生爆炸的油罐，面对已经远远超过耐火极限的楼房，没有指挥救援人员迅速撤离，结果造成罐体爆炸、楼房垮塌从而导致救援人员群死群伤的恶果。

(3) 延误报警，错失良机

事故发生之后，发展速度往往非常快，早一秒抢救，就会多一分主动。因此，发生事故及时报警，是应急救援的第一步。但是，诸多事故应急救援的失败，都是因为事发之后，没有及时报警，不知如何报警，浪费了宝贵的救援时间，错失了救援的最佳时机。

(4) 估计不足，指挥不力

对突然发生的险情不敏感，对其潜在的危险性估计不足；对事故发展过程中的一些异常情况不加重视，不加分析，这都容易造成思想上的轻视，指挥上的不力。譬如，对外界气候恶化的趋势、对火灾燃烧恶化的趋势等估计不足，就可能导致现场救援力量不足，扩大应急力量补充滞后，造成应急行动的中断，从而前功尽弃，导致整个救援行动的失败。

（5）素质偏低，操作错误

指挥人员素质偏低，就不可能高效有序地指挥，操作人员素质偏低，就可能危险看不到，如此种种，就会导致应急救援行动的失败。

应急救援人员素质偏低，在目前是一个普遍现象，这与当前企业从业人员的文化素质及应急救援工作的复杂密不可分。因此，要想应急救援取得成功，还必须大力加强应急管理、应急指挥、应急操作等相关专业人员的培训，特别是加强应急演练，提高他们的思想素质和业务素质，为保障应急救援的成功进行提供优良的人力资源。

（6）装备不齐，物资不足

现在许多单位应急预案有了，但是与应急预案相配套的应急装备却配备不全，相应的物资装备也不充裕。应急预案再科学，也就是作战方案再准确，如果作战的武器——应急装备配备不到位，应急救援行动仍难以成功。譬如发生了高空火灾，却没有消防炮、举高车等高空灭火装备，就无法及时处置；发生了毒气泄漏事故，没有空气呼吸器，也只能望而却步。应急救援装备不足，往往成为救援失败，特别是因此造成救援人员伤亡的重要原因。

经验是前进的台阶，是用鲜血甚至生命换来的财富，需倍加珍惜；教训同样是前进的基石，也是用鲜血甚至生命换来的财富，需牢牢汲取。不断总结，不断探索，扬长避短，就能不断把应急救援在科学的轨道上推向前进，促进应急救援能力的不断提高，促进应急救援的成功进行，为最大限度地避免、减少人员伤亡、财产损失和生态破坏作出有力保障。

第四节　应急预案的作用、分类及相关要求

一、应急预案作用

应急预案，是针对可能发生的事故，为迅速、有序地开展应急行动而预先制定的行动方案。这一行动方案，针对可能发生的重大事故及其影响和后果的严重程度，为应急准备和应急响应的各个方面预先作出详细安排，明确了在突发事故发生之前、发生之后及现场应急行动结束之后，谁负责做什么、何时做、怎么做，是开展及时、有序和有效事故应急救援工作的行动指南。因为没有应急预案、应急预案不完善而导致事故救援行动缓慢甚至造成事故恶化升级的案例屡见不鲜，教训惨痛。举例如下：

【案例 1】2015 年 8 月 12 日，位于天津市滨海新区天津港某物流公司危险品仓库发生特别重大火灾爆炸事故，造成 165 人遇难，8 人失踪，798 人受伤住院治疗；304 幢建筑物、12428 辆商品汽车、7533 个集装箱受损。经济损失百亿元左右。造成该事故的一个重要原因，就是该公司未按《机关、团体、企业、事业单位消防安全管理规定》(公安部令第 61 号)第 40 条的规定，针对理化性质各异、处置方法不同的危险货物制定针对性的应急处置预案，组织员工进行应急演练。应急预案流于形式，应急处置力量、装备严重缺乏，不具备初期火灾的扑救能力，事故发生后，没有立即通知周边企业采取安全撤离等应对措施，使得周边企业的员工不能第一时间疏散，导致人员伤亡情况加重。

【案例 2】2003 年 12 月 23 日，位于重庆市开县高桥镇晓阳村的罗家 16H 井发生特别重大井喷失控事故，造成 243 人死亡，直接经济损失 9262. 71 万元。事故应急预案不完善是导致此次事故未能及时得到有效处置的一个重要原因。该钻探公司进行石油天然气开采属于高危行业，应当预见到作业过程中可能诱发井喷

并造成有毒气体外泄，应制订包含及时点火、及时疏散群众等重要内容的事故应急预案，并保证预案得到顺利实施，但是，该井队没有制定针对社会的“事故应急预案”，没有与当地政府建立“事故应急联动体系”和紧急状态联系方法，没有及时向当地政府报告事故，告知组织群众疏散的方向、距离和避险措施，致使地方政府事故应急处理工作陷于被动。特别是从发生井喷到放喷管线点火成功，富含硫化氢天然气持续喷出了18h，点火技术方案的缺失是造成人员大量中毒死亡的重要原因。

【案例3】1998年3月5日，陕西西安某液化石油气管理所一储量为400m^3的球形储罐突然闪爆，之后在救援过程中又不断发生多次爆炸，此次事故最后共造成11人死亡，31人受伤。其实，事故发生之初，西安、咸阳、宝鸡、渭南等消防支队及地方公安、武警、驻军、民兵预备役、医疗救护等单位参与了这次抢险救援，投入兵力达3000余人。全体参战人员连续奋战了约90个小时。从救援过程来看，相关部门高度重视，指挥部署细致具体，救援力量调配及时，人力物力投入巨大，救援官兵舍生忘死，英勇作战，感人至深。但是，在一些重要环节上却存在重大失误，一是在泄漏初期，有关指挥、操作人员没有佩戴呼吸器就深入泄漏区进行指挥与操作，从而出现救援人员纷纷中毒倒下的情况，造成救援力量的急剧下降，恶化了事故；二是在救援装备上存在重大问题。管线、阀门泄漏是常见事故，必须配备相应的专用堵漏器具，但是，该站没有，属地消防队也没有。面对泄漏，只能用棉被、麻绳等极为原始的堵漏方式进行堵漏，更没有结合生产工艺采取注水、转输等措施。这些都是没有编制针对性、实用性的预案，并进行演练的结果。

总结以上案例，应急预案在应急救援中的突出重要作用，主要有以下几点：

（1）应急预案明确了应急救援的范围和体系，使应急准备和应急管理有据可依、有章可循、遇险不乱、有备而战，为及时、有序、科学开展应急行动提供了根本保障。

(2) 制定应急预案，能够将政府、企业应急指挥人员，应急救援人员的应急职责以“法定”的形式固定下来，不仅可以提高大众风险防范意识，而且，可以提高大众应急责任意识，使应急工作得到充分重视，良好开展。

(3) 制定应急预案，可以保障应急物资的储备、应急装备的配备、应急保障体系的建立得到充分保障，从而保障了应急救援的成功进行。

(4) 迅速行动，措施科学，有备而战，会大大提高应急救援水平，最大限度地避免、减少人员的伤亡和财产损失，减轻不良的社会影响，大大降低事故后果。

(5) 最大限度地保障国家和人民的生命财产免受损失，对于弘扬生命至上、安全第一思想，构建和谐社会具有重要的促进作用。

因此，生产经营企业都要针对企业存在的事故风险编制相应的应急预案，做到安全生产应急预案全覆盖。同时，要切实提高应急预案质量，使之具有良好的针对性、可行性、科学性，并通过持续不断的应急演练和培训，熟悉预案，检验预案，完善预案，促进应急救援效率的持续提高。

二、应急预案分类

1. 按照行政区域划分

按照行政区域划分，应急预案可分为国家、省、市、区、县及企业应急预案。

2. 按照事件分类划分

《国家突发公共事件总体预案》将突发公共事件分为自然灾害、事故灾难、公共卫生事件、社会安全事件四类。

每一类突发公共事件下面分别编制专项预案。如为了规范事故灾难类突发公共事件的应急管理和应急响应程序，及时有效地实施应急救援工作，最大限度地减少人员伤亡、财产损失，维护人民群众生命财产安全和社会稳定。针对事故灾难类突发事件，国务院发布了 9 个事故灾难类突发公共事件专项应急预案。

3. 按照预案功能划分

根据应急预案的不同功能，生产经营单位应急预案分为综合应急预案、专项应急预案和现场处置方案。其各自定义如下：

综合应急预案，是生产经营单位应急预案体系的总纲，主要从总体上阐述事故的应急工作原则，包括生产经营单位的应急组织机构及职责、应急预案体系、事故风险描述、预警及信息报告、应急响应、保障措施、应急预案管理等内容。

专项应急预案，是生产经营单位为应对某一类型或某几种类型事故，或者针对重要生产设施、重大危险源、重大活动等内容而制定的应急预案。专项应急预案主要包括事故风险分析、应急指挥机构及职责、处置程序和措施等内容。

现场处置方案，是生产经营单位根据不同事故类别，针对具体的场所、装置或设施所制定的应急处置措施，主要包括事故风险分析、应急工作职责、应急处置和注意事项等内容。生产经营单位应根据风险评估、岗位操作规程以及危险性控制措施，组织本单位现场作业人员及相关专业人员共同进行编制现场处置方案。

三、应急预案相关法规要求

因为应急预案对突发事件处置具有至为重要的作用，事关救援行动的成败。因此，从各个法律层面都对应急预案的制定、使用、培训、修订等方面都提出了要求。

第一，《中华人民共和国突发事件应对法》从法律层面进行了宏观架构。提出了国家建立突发事件应急预案体系的总要求，即对各种突发事件都要从国家到地方，从政府到企业制定应急预案，并对相关内容进行了具体规定。一是明确预案的制定组织。

国务院负责制定国家突发事件总体应急预案，并组织制定国家突发事件专项应急预案；国务院有关部门根据各自的职责和国务院相关应急预案，制定国家突发事件部门应急预案。地方各级人民政府和县级以上地方各级人民政府有关部门根据有关法律、法规、规章、上级人民政府及其有关部门的应急预案以及本地区的实际情况，制定相应的突发事件应急预案。矿山、建筑施工单位和易燃易爆物品、危险化学品、放射性物品等危险物品的生产、经营、储运、使用单位，应当制定具体应急预案。二是明确预案的内容。应急预案应当根据本法和其他有关法律、法规的规定，针对突发事件的性质、特点和可能造成的社会危害，具体规定突发事件应急管理工作的组织指挥体系与职责和突发事件的预防与预警机制、处置程序、应急保障措施以及事后恢复与重建措施等内容。三是预案的修订。应急预案制定机关应当根据实际需要和情势变化，适时修订应急预案。

第二，《中华人民共和国安全生产法》对安全生产领域的应急预案从法律层面进行了宏观要求，主要是两项，一是明确制定组织和制定层级。县级以上地方各级人民政府应当组织有关部门制定本行政区域内生产安全事故应急预案，建立应急救援体系。生产经营单位应当制定本单位生产安全事故应急预案。二是提出企业的应急预案管理要求。企业与所在地县级以上地方人民政府组织制定的生产安全事故应急预案相衔接，并定期组织演练。

第三，《危险化学品安全管理条例》对危险化学品领域的应急预案制定从法规层面提出了具体的要求。一是危险化学品单位应当制定本单位危险化学品事故应急预案，配备应急救援人员和必要的应急救援器材、设备，并定期组织应急救援演练。危险化学品单位应当将其危险化学品事故应急预案报所在地设区的市级人民政府安全生产监督管理部门备案。二是对进行可能危及危险化学品管道安全的施工作业，要求施工单位应当在开工的 7 日前书面通知管道所属单位，并与管道所属单位共同制定应急预案，采取相应的安全防护措施。三是将“有符合国家规定的危险化学品事故应急预案和必要的应急救援器材、设备”作为申请危险化学品安全使用、经营、储存许可证的前置条件。四是水路运输企业应当针对所运输的危险化学品的危险特性，制定运输船舶危险化学品事故应急预案，并为运输船舶配备充足、有效的应急救援器材和设备。五是用于危险化学品运输作业的内河码头、泊位的有关管理单位应当制定码头、泊位危险化学品事故应急预案，并为码头、泊位配备充足、有效的应急救援器材和设备。

第四，《生产安全事故应急预案管理办法》(国家安全生产监督管理总局令第 88 号)从部门规章层面对生产安全事故的编制、评审、公布、备案、宣传、教育、培训、演练、评估、修订及监督管理工作管理进行了系统全面的规范。《危险化学品重大危险源监督管理暂行规定》(国家安全生产监督管理总局令第 40 号)提出了一些相关要求，危险化学品单位应当依法制定重大危险源事故应急预案，配合地方人民政府安全生产监督管理部门制定所在地区涉及本单位的危险化学品事故应急预案；重大危险源事故隐患难以立即排除的，应当及时制定治理方案，落实整改措施、责任、资金、时限和预案；应当制定重大危险源事故应急预案演练计划，对重大危险源专项应急预案，每年至少进行一次，对重大危险源现场处置方案，每半年至少进行一次。应急预案演练结束后，危险化学品单位应当对应急预案演练效果进行评估，撰写应急预案演练评估报告，分析存在的问题，对应急预案提出修订意见，并及时修订完善。

第五，应急预案相关标准对应急预案的编制、评估、演练等作出了更为细致严谨的规范。如《生产经营单位生产安全事故应急预案编制导则》(GB/T 29639—2013)、《危险化学品事故应急救援指挥导则》(AQ/T 3052—2015)、《生产安全事故应急演练指南》(AQ/T 9007—2011)、《危险化学品单位应急救援物资配备要求》(GB 30077—2013)、《危险化学品重大危险源辨识》(GB

18218—2009)、《消防特勤队(站)装备配备标准》(GA 622—2013)、《消防应急救援通则》(GB/T 29176—2012)、《消防应急救援训练设施要求》(GB/T 29177—2012)等。

第六，相关规范性文件提出的相关要求。如《国务院安委会关于进一步加强生产安全事故应急处置工作的通知》(安委〔2013〕8 号)，要求“生产经营单位必须认真落实安全生产主体责任，严格按照相关法律法规和标准规范要求，建立专兼职救援队伍，做好应急物资储备，完善应急预案和现场处置措施，加强从业人员应急培训，组织开展演练，不断提高应急处置能力。”《国务院安委会办公室关于实施遏制重特大事故工作指南构建双重预防机制的意见》(安委办〔2016〕11 号)要求“对于排查发现的重大事故隐患，应当在向负有安全生产监督管理职责的部门报告的同时，制定并实施严格的隐患治理方案，做到责任、措施、资金、时限和预案“五落实”，实现隐患排查治理的闭环管理。”

第二章 应急救援基础

应急救援的对象包括各种各样的险兆、事故。对不同救援对象的救援原则、程序、任务、方法等多有相似，但也不尽相同，特别涉及技术层面更是千差万别。必须根据不同的救援对象从事故发生机理、事故特性、危害后果等方面进行全面深入的分析，从而对救援基本原则、程序、任务、方法等方面进行细化，区别对待，才能做到具有针对性、实用性和可操作性。

鉴于篇幅限制以及危化事故的特点，本章重点对危险化学品事故救援的相关基础知识进行阐述。

第一节 危险化学品事故

一、危险化学品危险特性

1. 危险化学品固有危险性

危险化学品的固有危险性包括理化危险性、健康危险性和环境污染危险性。具体在《应急救援基础知识》分册的化学品分类章节中已有叙述，此处不再赘述。

2. 危险化学品过程危险性

危险化学品的过程危险性可通过化工单元操作的危险性来体现，主要包括加热、冷却、加压操作、负压操作、物料输送、干燥、蒸发与蒸馏等。

（1）加热。加热是促进化学反应和物料蒸发、蒸馏等操作的必要手段。加热的方法一般有直接火加热(烟道气加热)、蒸汽或热水加热、载体加热以及电加热等。温度过高、升温速度过快，都会引起燃烧和爆炸。

(2) 冷却。在化工生产中，冷却操作很多。冷却操作时，冷却介质中断会造成积热，系统温度、压力骤增会引起爆炸。

(3) 加压操作。凡操作压力超过大气压的都属于加压操作。加压操作易导致泄漏、爆炸等事故。

(4) 负压操作。负压操作即低于大气压下的操作。负压操作易吸憋设备或空气进入设备内部，形成爆炸混合物，易引起爆炸。

(5) 物料输送。在工业生产过程中，经常需要将各种原材料、中间体、产品以及副产品和废弃物，由前一个工序输往后一个工序，由一个车间输往另一个车间或输往储运地点，这些输送过程就是物料输送。系统堵塞、由流速过快产生的静电积聚会引起爆炸。

(6) 干燥。干燥是利用热能使固体物料中的水分(或溶剂)去除的单元操作。干燥的热源有热空气、过热蒸汽、烟道气和明火等。干燥过程中局部过热会造成物料分解爆炸。在此过程中散发出来的易燃易爆气体或粉尘，与明火和高温表面接触，也易燃爆。

(7) 蒸发。蒸发是借加热作用使溶液中所含溶剂不断汽化，以提高溶液中溶质的浓度或使溶质析出的物理过程。溶质在浓缩过程中可能有结晶、沉淀和污垢生成，这些都能导致传热效率的降低，并产生局部过热，促使物料分解、燃烧和爆炸。

(8) 蒸馏。蒸馏是依据液体混合物各组分挥发度的不同，使其分离为纯组分的操作。蒸馏操作可分为间歇蒸馏和连续蒸馏；按压力分为常压、减压和加压(高压)蒸馏。高压蒸馏易发生燃爆事故。

二、危险化学品事故类型与危害

危险化学品事故，主要有危险化学品火灾、危险化学品爆炸、危险化学品中毒和窒息、危险化学品灼伤、危险化学品泄漏、危险化学品辐射等事故类型。每类又可分为若干小类，具体分类与各自危害后果如下：

1. 危险化学品火灾事故

易燃、易爆气体、液体、固体泄漏后，一旦遇到助燃物和点火源就会被点燃引发火灾。

危险化学品火灾事故的后果呈多样性、复杂性。火灾对人的危害方式主要是暴露于热辐射所致的皮肤烧伤。燃烧过程中空气氧量的耗尽和火灾产生的有毒烟气，引起附近人员的中毒和窒息，室内火灾时最为严重。同时，火灾产生的高温会迅速使金属构件应力锐减，失去支撑发生坍塌事故。也会对容器设备进行高温烘烤，造成压力急剧上升而发生物理爆炸。

2. 危险化学品爆炸事故

危险化学品爆炸事故指危险化学品发生化学反应的爆炸事故或液化气体和压缩气体的物理爆炸事故。常见的危险化学品爆炸可分为以下几类：

（1）气体与粉尘爆炸。气体或蒸气云爆炸是由于泄漏的气体或者泄漏出的易燃液体蒸发为蒸气，并与周围大气混合形成可燃混合物，在大气中扩散，形成大面积的可燃气云团，一旦遇到点火源，此云团即发生爆炸。粉尘爆炸发生在可燃固体物质与空气强烈混合时，分散的固体物质呈粉状，其颗粒极细，在点火源存在或在助燃性气体（空气）中搅拌和流动，就可能发生爆炸。粉尘爆炸扬起的粉尘与空气混合的结果是极易发生二次爆炸、三次爆炸等。

（2）沸腾液体扩展蒸气爆炸。沸腾液体扩展蒸气爆炸是指处于过热状态的水、有机液体、液化气体等瞬时汽化而产生的爆炸现象。此种气云被点燃时，极易出现火球，在几秒钟内形成巨大的热辐射强度。它足以使在容器几百米以内的人员皮肤严重烧伤或致死。

(3) 物理爆炸。主要是由装置或设备物理变化引起的爆炸，如液化气体、压缩气体超压引起的爆炸。

爆炸的特征是能够产生冲击波。冲击波的作用可因爆炸物质的性质和数量以及蒸气云封闭程度、周边环境而变化。冲击波可造成人员死亡，门窗破坏、厂房倒塌。爆炸还会伴生火灾、泄漏、污染事故，造成事故的恶化升级。如2005年，某双苯厂爆炸事故，污水流入松花江，直接造成哈尔滨市民正常生活用水中断，而且污染物顺江而下，进入俄罗斯，造成不良国际影响。

3. 危险化学品中毒和窒息事故

危险化学品中毒和窒息事故主要指因吸入、食入或接触有毒有害化学品或者化学品反应的产物，而导致的人体中毒和窒息。

有毒物质对人的危害程度取决于毒物的性质、毒物的浓度、人员与毒物接触的时间等因素。中毒和窒息，常常会伴生很多后遗症，难以完全康复，如植物人。

4. 危险化学品灼伤事故

危险化学品灼伤事故主要指腐蚀性危险化学品与人体接触，在短时间内即在人体被接触表面发生化学反应，造成明显破坏。腐蚀品包括酸性腐蚀品、碱性腐蚀品和其他腐蚀品。

化学品灼伤与物理灼伤(如火焰烧伤、高温固体或液体烫伤等)不同。物理灼伤的高温会让人体立即感到强烈的疼痛，本能地立即避开。化学品灼伤有一个化学反应过程，开始并不感到疼痛，要经过几分钟、几小时甚至几天才表现出严重的伤害，并且伤害还会不断地加深，因此，化学品灼伤比物理灼伤危害更大。

5. 危险化学品泄漏事故

危险化学品泄漏事故主要是指气体或液体危险化学品发生了超过常规允许下的过量泄漏。泄漏事故一旦失控，极易会发展成中毒、火灾、爆炸等事故。

首先，危险化学品泄漏会引发人员中毒窒息事故。其次，会污染大气、土壤、水体，一旦造成水体污染，处理难度大，处理成本高，影响时间长，后果严重，既能打乱人们的正常生活，也会造成巨大的水产业、旅游业破坏，因此，常会造成局部的社会动荡。再次，会对人体产生致癌、致畸、致突变的生理影响。

致癌：某些化学物质进入人体后，可引起体内特定器官的细胞无节制地生长，从而形成恶性肿瘤，又称癌。目前我国法定的职业性肿瘤有8种，如联苯胺所致膀胱癌、苯所致白血病等。

致畸：接触某些化学物质可对未出生的胎儿造成危害，干扰胎儿的正常发育。尤其在怀孕的前3个月，心、脑、胳膊和腿等重要器官正在发育，化学物质可能干扰正常的细胞分裂过程而形成畸形。如麻醉性气体、汞、有机溶剂等，可致胎儿畸形。

致突变：某些化学品对作业人员的遗传基因产生影响，可导致其后代发生异常。实验表明，80%~85%的致癌物同时具有致突变性。

6. 危险化学品辐射事故

具有放射性的危险化学品会发射出一定能量的射线对人体造成伤害。放射性污染物主要指各种放射性核素，其放射性与化学状态无关。其放射性强度越大，危险性就越大。人体组织在受到射线照射时，能发生电离，如果人体受到过量射线的照射，就会产生不同程度的损伤。

三、危险化学品事故特点

危险化学品事故与其他事故相比具有以下特点：

1. 易发性

由于危险化学品固有的易燃、易爆、腐蚀、毒害等特性，导致危险化学品事故防控要求高，稍有疏漏，便会发生。

2. 突发性

危险化学品事故往往是没有明显征兆的情况下突然发生，在瞬间或短时间内就会造成重大的人员伤害和财产损失。

3. 严重性

危险化学品事故往往造成重大的人员伤亡和财产损失，特别是有毒气体大量意外泄漏的灾难性中毒事故，以及易燃、易爆气体、液体、固体的灾难性爆炸等事故，事故造成的后果往往非常严重。一个罐体的爆炸会造成整个罐区的连环爆炸，一个罐区的爆炸可能殃及生产装置，进而造成全厂性爆炸。一些化工厂由于生产工艺的连续性，装置布置紧密，会在短时间内发生厂毁人亡的恶性爆炸。危险化学品泄漏进入人体，有的会致癌、致畸、致突变，后果之重令人不寒而栗。

4. 连锁性

许多事故，尤其是特别重大事故发生后，常常诱发出一连串的其他事故接连发生，这种现象叫事故链。事故链中最早发生的起作用的灾害称为原生事故；而由原生事故所诱导出来的灾害则称为次生事故。例如一个油库发生火灾爆炸事故，原生事故是油品泄漏事故，其次生事故是由油品泄漏所导致的火灾、爆炸、人员伤害等事故。

一个事故发生之后，由其可以导生出一系列其他事故，这些事故称为衍生事故。如危险化学品发生火灾爆炸事故，在火灾的扑救过程中，消防废水没有得到有效地收集和控制，导致环境衍生事故的发生。

危险化学品事故经常伴随着次生或衍生事故的发生，如果不加以控制或控制措施不得力，这些次生或衍生事故往往会导致更加严重的后果。危险化学品事故过程是很复杂的，有时候一种事故可由几种致灾因子引起，或者一种致灾因子会同时引起好几种不同的事故灾害。这时，事故类型的确定就要根据起主导作用的致灾因子和其主要表现形式而定。

5. 复杂性

危险化学品事故可以发生在危险化学品生产、经营、储存、运输、使用和废弃处置等过程中，发生机理常常非常复杂，许多火灾、爆炸事故并不是简单地由于泄漏的气体、液体引发的，而往往是由腐蚀或化学反应引起的，事故的原因往往很复杂，并具有相当的隐蔽性。另外，危险化学品事故大多情况下都是多种事故类型并存，如火灾伴随爆炸、泄漏、中毒，泄漏引发火灾、爆炸等，事故情形非常复杂。

6. 持久性

持久性具有两层含义，一是危险化学品中毒的后果，有的在当时并没有明显地表现出来，而是在几个小时甚至几天以后严重起来。二是事故造成的后果往往在长时间内都得不到恢复，具有事故危害的长期性。譬如，人员严重中毒，常常会造成终身难以消除的后果；对环境造成的污染有时极难消除，往往需要几十年的时间进行治理。1976 年意大利塞维索一家化工厂爆炸，爆炸所生成的剧毒化学品二噁英向周围扩散。这次事故使许多人中毒，附近居民被迫迁走，半径 1.5km 范围内植物被铲除深埋，数公顷的土地均被铲掉几厘米厚的表土层。但是由于二噁英具有致畸和致癌作用，事隔多年后，当地居民的畸形儿出生率大为增加。

7. 社会性

危险化学品事故的后果会对社会稳定造成严重的影响，常常会给受害者、亲历者造成不亚于战争留下的创伤，在很长时间内都难以消除痛苦与恐怖。如重庆开县的井喷事故，造成了 243 人死亡，许多家庭都因此残缺破碎，生存者永远无法抚平心中的创伤。同时，一些危险化学品泄漏事故还可能对子孙后代正常生活造成严重的影响。如 1984 年 12 月 3 日，印度博帕尔农药厂发生甲基异氰酸酯泄漏事故，在短短的几天内死亡 2500 余人，有 20 多万人受伤需要治疗。一星期后，每天仍有 5 人死于这场灾难。

半年后的1985年5月还有10人因事故受伤而死亡，据统计本次事故共死亡3500多人。受害者需要治疗，孕妇流产、胎儿畸形、肺功能受损者不计其数。这是世界上最大的一次化工毒气泄漏事故。其死伤损失之惨重，震惊全世界，时至今日，仍令人怵目惊心。

第二节　应急救援行动原则、特性与要点

一、应急救援行动原则

应急救援的情形复杂，内容繁多，但是总体应坚持以下原则。

1. 生命至上，科学救援

无论事故可能造成多大的财产损失，都必须把保障人民群众的生命安全和身体健康作为应急工作的出发点和落脚点，最大限度地减少突发事故、事件造成的人员伤亡和危害。在救援过程中，必须牢固树立科学救援的思想，任何一项决策都要慎重，特别是重大决策必须由专家会商，不能想当然，冒险蛮干，引发次生事故。近些年来，因施救措施不当，造成救援人员死亡的现象屡见不鲜，在受限空间专业遇险的救援更为突出，因救援不当造成救援人员伤亡的现象必须坚决避免。

2. 统一指挥，协同应对

统一指挥，协同应对，是应急救援的最基本原则。无论应急救援涉及单位的行政级别高低、隶属关系是否相同，都必须按照预案的要求，在指挥部的统一组织指挥下协调运行。做到号令统一，协同应对。

3. 属地管理，分级响应

因为只有本企业、本地区对事发地的地理水文、气候条件、事故情况等信息了解得最直接、最清楚，也能以最快的速度地到

达现场进行救援，并就近灵活调动各种应急资源，因此，坚持属地管理的原则，这样会最快速、最合理有效地进行初期救援。

与此同时，无论企业，还是地方政府，都须坚持分级响应的原则。分级响应，主要是合理提高应急指挥级别、扩大应急范围、增加应急力量。分级响应，有利于节省应急资源，降低救援成本，弱化不良社会影响。

4. 快速反应，合力攻坚

因为事故具有突发性，快速蔓延性，因此，在事发初期，应急行动早开始一秒，就多一分主动，这就要求接到报警必须快速行动。

同时，应急救援涉及装置操作、消防灭火、医疗救治等各种操作，是一件涉及面广、专业性强的工作，必须依靠各种救援力量的密切配合，合力攻坚，救援行动才能有序、高效，如果单打独斗，不仅不利于应急救援的成功，而且，可能造成事故的恶化和扩大。

5. 保护环境，减少污染

危险化学品泄漏、火灾、爆炸事故，极易对大气、土壤、水体造成污染，对大气造成的污染常规情况下会很快随大气流动而化解。若是剧毒化学品、重金属对水体、土壤造成污染，要消除污染则非常之难。不仅要花费巨大的资金成本，而且要付出巨大的时间成本和社会成本，因此，对于危险化学品事故应时刻从环境保护的角度，尽一切可能减少污染，特别是减少对水体、土壤的污染。

6. 依靠预案，灵活处置

应急救援体系，以能够实现及时、高效地开展应急救援为出发点和落脚点，根据应急救援工作的现实和发展的需要，建立高效的应急指挥系统，编制科学完整、简单实用、可操作性强的应急预案，努力采用国内外的先进技术、先进装备，保证应急救援体系的先进性和实用性。应急预案是救援行动的重要决策依据，但是，由于预案不可能穷尽一切事故灾难情形，因此，必须依据石化危险特性、事故机理和处置原理，进行灵活处置。

二、应急救援行动特性

在进行应急救援活动中，事故的突发性、演变的不确定性，会使得应急救援过程中出现各种意料不到的情况，使得应急救援行动具有下列四个明显特性：

1. 复杂性

由于事故突发，事故的原因一般不会很快查清，事故原因不清，对事故发展趋势就难以判断。许多事故现场具有何种危险因素并不一定与预想的完全一致(要把一切可能的危险情况预想彻底应该说是不可能的)，任何事前预想都可能与实际情况出现或大或小的差异，救援行动决策因素复杂决定了救援行动的复杂。必须先摸清现场情况，综合进行事态分析，才能最终决定采取何种救援行动。

2. 艰巨性

应急救援的对象，是突发重大事故的危险源。许多事故譬如油库火灾、井喷泄漏、船体爆炸发生原油泄漏，即便按照预案要求迅速出动强大的应急救援力量，也很难迅速控制事态的发展。对这类事故的应急救援，注定是一项异常艰巨的任务，必须经过艰苦的努力，才能将事故控制住，这是不以人的意志为转移的。

3. 扩大性

重大事故一旦发生，必须在其突发初期进行及时处置，稍有延误，事故就会迅速发展扩大，甚至造成次生事故。同时，应急技术不适用、装备不到位、错用抢险物资，也都可能造成事故的恶化和扩大。因此，应急救援不仅要行动迅速，而且要方法科学，操作准确，措施到位。

4. 危险性

应急救援，面对的是急需控制的事故，如事故不能得到有效控制，如易燃易爆有毒气体泄漏，就可能造成厂区员工、周围居民出现人员伤亡。同时，救援人员个体防护不当，也会造成人员的伤亡，而且即便防护到位，也可能因各种突发情况受到致命伤害。如戴着呼吸器处理设备易燃易爆气体泄漏，突发气团爆炸，人员根本来不及逃生，非死即伤。因此，应急救援具有极大的危险性，这就要求对各种可能的情况进行充分的考虑，对各种应急救援操作，在科学的基础上，细之又细，慎之又慎！

这是一个非常典型的案例。1994 年 6 月 16 日，珠海市某织染厂发生大火，次日凌晨 3 时，大火基本扑灭。现场留下一个中队扑灭余火，因力量不足和装备简陋，不得不组织没有接受任何灭火培训的多名工人进入现场。后来厂方在抢救财产过程中缺乏必要的技术支持和正确的决策，对于厂房经过大火长时间烘烤建筑结构强度严重受损的情况不了解，为扑灭阴燃的棉包，又自行组织了 400 名员工进厂救援，厂房突然发生倒塌，造成 93 人死亡，直接经济损失 9515 万元。这一案例集中体现了应急救援的复杂性、艰巨性、扩大性和危险性。

三、应急救援行动核心要求

应急救援行动的核心要求，简言之，即为“科学、迅速、准确、有效”八字方针。

科学，即救援行动方案要依据预案，结合事故现场实际，必须方法科学、程序正确，不能盲目施救，冒险行动。

迅速，即传递信息、调集资源、指挥协调等各项救援行动要反应迅速，争分夺秒，特别是对于化工泄漏、火灾事故，早一秒行动，就多十分主动；晚一秒行动，就会增加十分被动，小事变大事，大事变恶事。

准确，即行动要按照既定方案准确执行，譬如，消防车辆战位摆放、人员疏散、撤离方向等，如果方案科学，但执行不到位，也照样达不到预期效果。

有效，即救援行动要见到效果。行动的有效性源自准备的充分性、行动的及时性、决策的科学性，如果行动无效、低效，肯定是某一个环节出现了问题，必须迅速查找原因，及时做出调整，不能照本宣科，教条执行即定方案。

下列危险化学品事故应急救援“五大忌”务必牢记。

一忌：不能官大就指挥。要坚持属地指挥、能者指挥，最高领导可以担任现场总指挥，根据现场救援需求协调相应资源。

二忌：不能有险就冲锋。这种舍生忘死的英雄主义精神已经过时，要去救援别人，必须先把自己保护好，把可能遇险的人员疏散掉，然后，再进入事故现场抢救遇险之人。

三忌：不能见火就去灭。化工火灾有很多特殊性，有的扑灭之后更危险，如易燃易爆气体，稳定燃烧最安全，如果没有切断气源就灭掉，反而容易发生空中闪爆事故，后果急剧放大。必须辨明燃烧物质，结合工艺流程，先控制后扑灭。

四忌：不能灭火就用水。化学物质理化特性不同，所适用的灭火剂也不同。必须根据不同的化学物质，正确选用灭火剂。许多化学物质遇水自燃，越用水灭，火势越大，甚至会伴生爆炸。

五忌：不能大难临头不撤退。当出现危及生命的重大险兆时，必须尽快撤退，避免无谓的牺牲。

四、应急救援基本任务

1. 迅速抢救人员

救人，是应急救援的首要任务。抢救人员，包括以下几个层次：

（1）伤亡人员

事故发生之后，对发现的伤亡人员，应立即进行抢救，该急救的急救（如心肺复苏），该处置的处置（如止血），该转移的转移（如骨折），该入院救治的入院救治（如中毒窒息）。

（2）下落不明的遇险人员

事故发生之后，首先对事故现场的人员进行抢救。即便遇险人员可能被初步判定死亡，也不应放弃救人的努力，必须坚持“依然活着”的原则，深入现场，千方百计，采取一切可能的安全方法，在避免造成新的人员伤亡的前提下，积极进行救援，以减少人员的伤亡。

（3）周围公众

许多事故，都会对周围居民、路过人员等公众造成直接或潜在的生命、健康威胁。因此，必须高度重视事故对周围公众的威胁，该警告的警告，该疏散的及时疏散，避免增加不应有的人员伤亡。

2. 迅速控制危险源

在救人的同时，应迅速采取措施控制危险源，只有控制住危险源，事故才会从根本上得到控制。特别是在人口稠密地区出现危险化学品泄漏或可能发生重大爆炸事故的情形，控制危险源，在某些时候比抢救现场的人员更重要，应根据实际情况，做出放弃“少数人”保证“多数人”的应急决策。如果死搬教条、一味坚持“救人第一”的原则，很可能个别人没救活，反而造成更大的伤亡。此时的放弃，也是对救人第一原则的遵循。

3. 保护生态

危险物品泄漏、燃烧、爆炸，会对大气、水质造成污染，抢救过程中，使用大量消防水及化学灭火剂，也可能对水质造成污染。这些污染，轻者会对局部地区的居民造成不甚严重的健康危害，重者则会引发生态灾难，产生恶劣的社会影响。如 2005 年 11 月 13 日，吉林某双苯厂苯胺装置硝化单元发生着火爆炸事故，由于大量有毒污水泄入松花江，结果造成松花江严重污染，严重影响了沿江居民的正常生活，如哈尔滨市因此停水 4 天。因此，保护生态，是应急救援的又一要务。

4. 消除危害，恢复常态

应急救援必须当事故现场得以控制，环境符合有关标准，导致次生、衍生事故隐患消除后，即事故危害消除后，才能宣布现场应急结束。因此，消除危害是应急救援的目标，也是应急救援的任务。

在应急结束之后，还须进行应急恢复，使生产、生活、工作恢复到正常秩序，才算一次完整的应急救援行动正式结束。

5. 评估事故危害，改进事故预案

应急救援结束，要对事故危害情况进行评估，总结经验教训，对事故预案进行评审改进，为今后的应急救援工作提供更为科学的应急预案，以提高应急救援水平。

第三节　应急响应基本程序

应急响应程序的具体操作一般按照下列基本程序进行：即报警、接警、事态分析、确定相应级别、预警、应急启动、救援行动、扩大应急、应急结束、应急恢复等过程。如图 2-1 所示。

事故灾难发生后，现场第一目击者必须立刻按事故信息报告程序，将事故现场的真实情况进行上报，以最快速度传递到直接上级应急指挥中心。事故信息得到初步确定后，按预定程序进行事故预警。

应急指挥中心接到事故报警后，密切关注现场事态，进行事态评估和响应级别确定，如果达到最低响应级别及其以上条件，则按响应级别启动应急预案。如果响应级别超过本级指挥中心权限，应立即上报交由上级符合应急指挥条件的应急指挥中心进行指挥。

如果没有达到最低响应级别条件，则应急响应关闭。

应急预案启动，则由应急指挥中心和现场指挥人员协调指挥，按照预案程序和要求，开通应急通信网络，调配应急队伍、物资与装备，现场警戒，疏散群众，寻求专家支持等，对人员、设备、装备进行科学、有序的救援抢险。

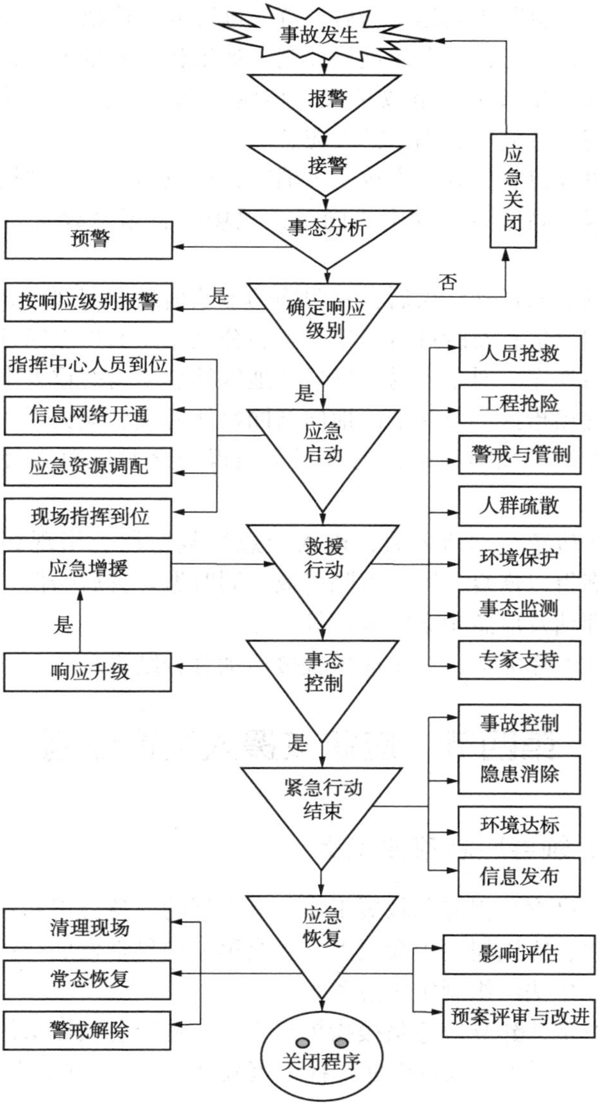

图 2-1 应急响应标准程序

现场应急队伍到达现场后，首先进行人员抢救，避免、减少人员伤亡，同时，对事故进行控制。如果救援力量不足，应立即寻求外部力量援助，事故扩大，响应级别提高，应立即报告上级，提高应急响应级别，扩大应急。

当事故得到控制，事故隐患消除，环境达标，经现场指挥确认，并报最高应急指挥中心同意，现场应急紧急处置行动宣告结束。

现场应急行动结束后，有明确的事故信息发布部门和发布原则，将相关信息及时进行通报，解答公众关注的焦点问题，维护社会生活秩序。对于容易引发局部地区社会动荡的重大事件，应由事故现场指挥部及时准确地向新闻媒体通报公众关注的动态信息，既维护了社会稳定，也有利于赢得公众对应急救援的广泛支持。

现场应急行动结束后，进入应急恢复阶段。当现场清理完毕，常态得以恢复，则可解除警戒。同时做好善后赔偿、应急救援能力评估及应急预案的修订等工作。

上述工作完成，整个应急救援活动宣告结束。

第四节　应急救援人员责任制

一、领导应急救援职责

（1）高度重视应急救援工作，有良好的应急意识和强烈的社会责任感，牢固树立生命至上、安全第一的科学发展观；

（2）依法组织制定应急预案；

（3）依法建立应急救援指挥组织及专业应急救援队伍；

（4）掌握应急救援的流程、资源的分布、重大危险源的分布；

（5）根据各类突发事故、事件的应急救援需要，保障应急救援装备、物资的配备到位；

（6）保障应急预案编制、应急培训预案演练及应急救援过程中的各种资金及时到位；

（7）顾全大局，在应急救援行动中，对内、外部应急力量的协调使用给予支持；

（8）具备过硬的组织指挥能力；

（9）定期不定期地组织应急预案培训与演练；

（10）其他。

二、应急指挥人员职责

（1）负责应急预案的实施工作；

（2）认真学习，熟练掌握应急救援指挥程序；

（3）了解相关应急救援对象的现场情况；

（4）根据事态的发展，熟练调配应急救援力量，对意外情况，能科学应变，灵活处置，正确救援；

（5）与专家组直接沟通，认真听取专家的意见，修正完善指挥决策；

（6）寻求外部力量支援；

（7）负责信息的及时发布，对公开发布的信息进行事先确认；

（8）指挥应急救援演练；

（9）在演练与实战之后，及时对应急预案的问题与改进提出意见与建议；

（10）其他。

三、应急职能部门职责

（1）具体编制应急预案；

（2）协同执行应急预案；

（3）评审改进应急预案；

(4) 开展应急意识、知识与技能的培训;

(5) 应急救援装备、物资、设施的选择、使用与维护;

(6) 具体组织策划应急预案演练;

(7) 应急预案演练评估与改进;

(8) 应急预案实战;

(9) 及时反馈相关信息至指挥人员;

(10) 应急预案实战评估与改进;

(11) 在演练、实战中,按要求佩戴个体防护装备,保证自身安全;

(12) 其他。

四、专业应急救援队伍的人员职责

(1) 了解综合应急预案;

(2) 熟悉专项应急预案、现场处置方案;

(3) 熟悉应急处置具体所承担工作的操作要领;

(4) 熟练使用应急救援装备,定时检查维护应急救援装备;

(5) 接受应急意识、知识与技能的培训;

(6) 进行应急预案演练,具备良好的应急处置技能;

(7) 勇敢、果断、正确地进行应急救援实战,对现场突发情况,能灵活处置,特别是不仅要有勇气,还要讲科学,譬如,对于即将发生爆炸的油罐,不能"勇敢"地继续灭火,而应及时地放弃逃生,避免造成重大人员伤亡;

(8) 在演练、实战中,按要求佩戴个体防护装备,保证自身安全;

(9) 其他。

五、现场应急救援人员(岗位工人)职责

(1) 接受应急专题培训,掌握风险识别、规避基本要求;

(2) 了解应急预案;

（3）发现险情、事故，及时上报；

（4）熟悉事故应急处置具体操作要领；

（5）熟练使用应急救援装备；

（6）定时检查维护应急救援装备；

（7）参与应急预案演练与实战；

（8）具备熟练的自救和互救技能；

（9）在演练、实战中，按要求佩戴个体防护装备，保证自身安全；

（10）其他。

以上有关应急人员的责任制，是笔者根据当前的法律法规要求，结合应急救援工作实际，提出简单的框架性职责，以期起到抛砖引玉的作用。在具体的实际工作中，要按照最新的法律法规要求，按照国家最新的应急工作部署和要求，按照法制化、体系化的要求，对所有相关机构、专业队伍、岗位人员等进行分工细化，形成一个完善的责任网络体系。

同时，对每个人、每个机构、每个部门的具体责任，要按照流程化、具体化的要求，进行全面的规范，做到责任明确、操作具体、奖罚分明，保证应急责任制的落实，为应急救援的成功和应急能力的提高作出有力保障。

第三章 风险评估

风险评估，就是在危险因素分析及事故隐患排查、治理的基础上，对可能发生事故的类型和后果，进行定量、定性分析，并指出事故可能产生的次生、衍生事故，形成分析报告，分析结果作为应急预案的编制依据。

第一节 危险因素分类

危险因素，是指能对人员造成伤亡或对物造成突发性损坏的因素；危害因素，是指影响人的身体健康甚至导致疾病或对物造成慢性损坏的因素。

危险、危害因素，一般统称危险因素。因此，危险因素，即能对人员造成伤亡或影响人的身体健康甚至导致疾病，对物造成突发性损坏或慢性损坏的因素。

一、危险因素类别

（一）根据《生产过程危险和有害因素分类与代码》分类

根据《生产过程危险和有害因素分类与代码》（GB/T 13861—2009）将生产过程危险和有害因素分为人的因素、物的因素、环境因素和管理因素四大类，具体如下：

1. 人的因素

（1）心理、生理性危险和有害因素；

（2）行为性危险和有害因素。

2. 物的因素

（1）物理性危险和有害因素；

（2）化学性危险和有害因素；

（3）生物性危险和有害因素。

3. 环境因素

（1）室内作业场所环境不良；

（2）室外作业场地环境不良；

（3）地下(含水下)作业环境不良。

4. 管理因素

（1）职业安全卫生组织机构不健全，包括组织机构的设置和人员的配置；

（2）职业安全卫生责任制未落实；

（3）职业安全卫生管理规章制度不完善；

（4）职业安全卫生投入不足；

（5）职业健康管理不完善，包括职业健康体检及其档案管理等不完善；

（6）其他管理因素缺陷。

（二）按照《职业病危害因素分类目录》分类

按照《职业病危害因素分类目录》(国卫疾控发〔2015〕92号)，职业病危害因素分类如下：

1. 粉尘(52种)

矽尘(游离 SiO_2 含量≥10%)；煤尘，石墨粉尘，炭黑粉尘，石棉粉尘，滑石粉尘，水泥粉尘，云母粉尘，陶土粉尘，铝尘，电焊烟尘，铸造粉尘，白炭黑粉尘，白云石粉尘，玻璃钢粉尘，玻璃棉粉尘，茶尘，大理石粉尘，二氧化钛粉尘，沸石粉尘，谷物粉尘(游离 SiO_2 含量<10%)；硅灰石粉尘，硅藻土粉尘(游离 SiO_2 含量<10%)；活性炭粉尘，聚丙烯粉尘，聚丙烯腈纤维粉尘，聚氯乙烯粉尘，聚乙烯粉尘，矿渣棉粉尘，麻尘(亚麻、黄麻和苎麻)(游离 SiO_2 含量<10%)；棉尘，木粉尘，膨润土粉尘，

皮毛粉尘，桑蚕丝尘，砂轮磨尘，石膏粉尘(硫酸钙)，石灰石粉尘，碳化硅粉尘，碳纤维粉尘，稀土粉尘(游离 SiO_2 含量 <10%)；烟草尘，岩棉粉尘，蛭石混合性粉尘，珍珠岩粉尘，蛭石粉尘，重晶石粉尘(硫酸钡)，锡及其化合物粉尘，铁及其化合物粉尘，锑及其化合物粉尘，硬质合金粉尘，以上未提及的可导致职业病的其他粉尘。

2. 化学因素(375 种)

铅及其化合物(不包括四乙基铅)；汞及其化合物；锰及其化合物；镉及其化合物；铍及其化合物；铊及其化合物；钡及其化合物；钒及其化合物；磷及其化合物(磷化氢、磷化锌、磷化铝、有机磷单列)；砷及其化合物(砷化氢单列)；铀及其化合物；砷化氢；氯气；二氧化硫；光气(碳酰氯)；氨；偏二甲基肼(1,1-二甲基肼)；氮氧化合物；一氧化碳；二硫化碳；硫化氢；磷化氢、磷化锌、磷化铝；氟及其无机化合物；氰及其腈类化合物；四乙基铅；有机锡；羰基镍；苯；甲苯；二甲苯；正己烷；汽油；一甲胺；有机氟聚合物单体及其热裂解物；二氯乙烷；四氯化碳；氯乙烯；三氯乙烯；氯丙烯；氯丁二烯；苯的氨基及硝基化合物(不含三硝基甲苯)；三硝基甲苯；甲醇；酚；五氯酚及其钠盐；甲醛；硫酸二甲酯；丙烯酰胺；二甲基甲酰胺；有机磷；氨基甲酸酯类；杀虫脒；溴甲烷；拟除虫菊酯；铟及其化合物；溴丙烷(1-溴丙烷、2-溴丙烷)；碘甲烷；氯乙酸；环氧乙烷；氨基磺酸铵；氯化铵烟；氯磺酸；氢氧化铵；碳酸铵；α-氯乙酰苯；对特丁基甲苯；二乙烯基苯；过氧化苯甲酰；乙苯；碲化铋；铂化物；1,3-丁二烯；苯乙烯；丁烯；二聚环戊二烯；邻氯苯乙烯(氯乙烯苯)；乙炔；1,1-二甲基-4,4′-联吡啶鎓盐二氯化物(百草枯)；2-N-二丁氨基乙醇；2-二乙氨基乙醇；乙醇胺(氨基乙醇)；异丙醇胺(1-氨基-2-二丙醇)；1,3-二氯-2-丙醇；苯乙醇；丙醇；丙烯醇；丁醇；环己醇；己二醇；糠醇；氯乙醇；乙二醇；异丙醇；正戊醇；重氮甲烷；多氯萘；蒽；六氯萘；氯萘；萘；萘烷；硝基萘；蒽醌及其染料；二苯胍；对苯二胺；对溴苯胺；卤化水杨酰苯胺（*N*-水杨酰苯胺）；硝基萘胺；对苯二甲酸二甲酯；邻苯二甲酸二丁酯；邻苯二甲酸二甲酯；磷酸二丁基苯酯；磷酸三邻甲苯酯；三甲苯膦酸酯；1,2,3-苯三酚（焦棓酚）；4,6-二硝基邻苯甲酚；*N*,*N*-二甲基-3-氨基苯酚；对氨基酚；多氯酚；二甲苯酚；二氯酚；二硝基苯酚；甲酚；甲基氨基酚；间苯二酚；邻仲丁基苯酚；萘酚；氢醌（对苯二酚）；三硝基酚（苦味酸）；氰氨化钙；碳酸钙；氧化钙；锆及其化合物；铬及其化合物；钴及其氧化物；二甲基二氯硅烷；三氯氢硅；四氯化硅；环氧丙烷；环氧氯丙烷；柴油；焦炉逸散物；煤焦油；煤焦油沥青；木馏油（焦油）；石蜡烟；石油沥青；苯肼；甲基肼；肼；聚氯乙烯热解物；锂及其化合物；联苯胺（4,4′-二氨基联苯）；3,3-二甲基联苯胺；多氯联苯；多溴联苯；联苯；氯联苯（54%氯）；甲硫醇；乙硫醇；正丁基硫醇；二甲基亚砜；二氯化砜（磺酰氯）；过硫酸盐（过硫酸钾、过硫酸钠、过硫酸铵等）；硫酸及三氧化硫；六氟化硫；亚硫酸钠；2-溴乙氧基苯；苄基氯；苄基溴（溴甲苯）；多氯苯；二氯苯；氯苯；溴苯；1,1-二氯乙烯；1,2-二氯乙烯（顺式）；1,3-二氯丙烯；二氯乙炔；六氯丁二烯；六氯环戊二烯；四氯乙烯；1,1,1-三氯乙烷；1,2,3-三氯丙烷；1,2-二氯丙烷；1,3-二氯丙烷；二氯二氟甲烷；二氯甲烷；二溴氯丙烷；六氯乙烷；氯仿（三氯甲烷）；氯甲烷；氯乙烷；氯乙酰氯；三氯一氟甲烷；四氯乙烷；四溴化碳；五氟氯乙烷；溴乙烷；铝酸钠；二氧化氯；氯化氢及盐酸；氯酸钾；氯酸钠；三氟化氯；氯甲醚；苯基醚（二苯醚）；二丙二醇甲醚；二氯乙醚；二缩水甘油醚；邻茴香胺；双氯甲醚；乙醚；正丁基缩水甘油醚；钼酸；钼酸铵；钼酸钠；三氧化钼；氢氧化钠；碳酸钠（纯碱）；镍及其化合物（羰基镍单列）；癸硼烷；硼烷；三氟化硼；三氯化硼；乙硼烷；2-氯苯基羟胺；3-氯苯基羟胺；4-氯苯基羟胺；苯基羟胺（苯胲）；巴豆醛(丁烯醛)；丙酮醛(甲基乙二醛)；丙烯醛；丁醛；糠醛；氯乙醛；羟基香茅醛；三氯乙醛；乙醛；氢氧化铯；氯化苄烷胺(洁尔灭)；双-(二甲基硫代氨基甲酰基)二硫化物(秋兰姆、福美双)；α-萘硫脲(安妥)；3-(1-丙酮基苄基)-4-羟基香豆素(杀鼠灵)；酚醛树脂；环氧树脂；脲醛树脂；三聚氰胺甲醛树脂；1,2,4-苯三酸酐；邻苯二甲酸酐；马来酸酐；乙酸酐；丙酸；对苯二甲酸；氟乙酸钠；甲基丙烯酸；甲酸；羟基乙酸；巯基乙酸；三甲基己二酸；三氯乙酸；乙酸；正香草酸(高香草酸)；四氯化钛；钽及其化合物；锑及其化合物；五羰基铁；2-己酮；3,5,5-三甲基-2-环己烯-1-酮(异佛尔酮)；丙酮；丁酮；二乙基甲酮；二异丁基甲酮；环己酮；环戊酮；六氟丙酮；氯丙酮；双丙酮醇；乙基另戊基甲酮(5-甲基-3-庚酮)；乙基戊基甲酮；乙烯酮；异亚丙基丙酮；铜及其化合物；丙烷；环己烷；甲烷；壬烷；辛烷；正庚烷；正戊烷；2-乙氧基乙醇；甲氧基乙醇；围涎树碱；二硫化硒；硒化氢；钨及其不溶性化合物；硒及其化合物(六氟化硒、硒化氢单列)；二氧化锡；N,N-二甲基乙酰胺；N-3,4 二氯苯基丙酰胺(敌稗)；氟乙酰胺；己内酰胺；环四次甲基四硝胺(奥克托今)；环三次甲基三硝铵(黑索今)；硝化甘油；氯化锌烟；氧化锌；氢溴酸(溴化氢)；臭氧；过氧化氢；钾盐镁矾；丙烯基芥子油；多次甲基多苯基异氰酸酯；二苯基甲烷二异氰酸酯；甲苯-2,4-二异氰酸酯(TDI)；六亚甲基二异氰酸酯(HDI)(1,6-己二异氰酸酯)；萘二异氰酸酯；异佛尔酮二异氰酸酯；异氰酸甲酯；氧化银；甲氧氯；2-氨基吡啶；N-乙基吗啉；吖啶；苯绕蒽酮；吡啶；二噁烷；呋喃；吗啉；四氢呋喃；茚；四氢化锗；二乙烯二胺(哌嗪)；1,6-己二胺；二甲胺；二乙烯三胺；二异丙胺基氯乙烷；环己胺；氯乙基胺；三乙烯四胺；烯丙胺；乙胺；乙二胺；异丙胺；正丁胺；1,1-二氯-1-硝基乙烷；硝基丙烷；三氯硝基甲烷(氯化苦)；硝基甲烷；硝基乙烷；1,3-二甲基丁基乙酸酯(乙酸仲己酯)；2-甲氧基乙基乙酸酯；2-乙氧基乙基乙酸酯；*n*-乳酸正丁酯；丙烯酸甲酯；丙烯酸正丁酯；甲基丙烯酸甲酯(异丁烯酸甲酯)；甲基丙烯酸缩水甘油酯；甲酸丁酯；甲酸甲酯；甲酸乙酯；氯甲酸甲酯；氯甲酸三氯甲酯(双光气)；三氟甲基次氟酸酯；亚硝酸乙酯；乙二醇二硝酸酯；乙基硫代磺酸乙酯；乙酸苄酯；乙酸丙酯；乙酸丁酯；乙酸甲酯；乙酸戊酯；乙酸乙烯酯；乙酸乙酯；乙酸异丙酯；以上未提及的可导致职业病的其他化学因素。

3. 物理因素(15 种)

噪声；高温；低气压；高气压；高原低氧；振动；激光；低温；微波；紫外线；红外线；工频电磁场；高频电磁场；超高频电磁场，以上未提及的可导致职业病的其他物理因素。

4. 放射性因素(8 种)

密封放射源产生的电离辐射(主要产生 γ 射线、中子射线等)；非密封放射性物质(可产生 α 射线、β 射线、γ 射线或中子)；X 射线装置(含 CT 机)产生的电离辐射(X 射线)；加速器产生的电离辐射(可产生电子射线、X 射线、质子、重离子、中子以及感生放射性等)；中子发生器产生的电离辐射(主要是中子射线、γ 射线等)；氡及其短寿命子体(限于矿工高氡暴露)；铀及其化合物；以上未提及的可导致职业病的其他放射性因素。

5. 生物因素(6 种)

艾滋病病毒(限于医疗卫生人员及人民警察)；布鲁氏菌；伯氏疏螺旋体；森林脑炎病毒；炭疽芽孢杆菌；以上未提及的可导致职业病的其他生物因素。

6. 其他因素(3 种)

金属烟；井下不良作业条件(限于井下工人)；刮研作业(限于手工刮研作业人员)。

二、危险因素分类方法选用

（一）两种分类方法的共异性

《生产过程危险和有害因素分类与代码》是针对生产过程中的危险和危害因素进行分类，而《职业病危害因素分类目录》（国卫疾控发〔2015〕92号）是对能造成职业病的危害因素进行分类。

而职业病，是指企业、事业单位和个体经济组织的劳动者在职业活动中，因接触粉尘、放射性物质和其他有毒、有害物质等因素而引起的疾病。职业病危害因素包含在生产过程危险和危害因素之中。二者实质上是一种包容与细化的关系，即《职业病危害因素分类目录》是对生产过程危险和危害因素中能造成职业病危害因素的细化。

（二）两种分类方法的具体应用

《生产过程危险和有害因素分类与代码》，对能造成突发事故并能迅速对人、物产生伤害的因素辨识得很全面。而《职业病危害因素分类目录》是对人造成慢性损害的职业病危害因素进行分类。

因此，应主要运用《生产过程危险和有害因素分类与代码》进行危险因素辨识，但是，从应急救援过程中对个体的保护角度考虑，应高度重视职业病危害因素的辨识，不要在抢险过程、恢复过程中，受到能导致职业病危害的化学品、辐射等因素的伤害。这一点必须引起高度重视，预防职业病的发生。因为职业病的发生、发展是一个较长的过程，参加救援的相关人员受到职业病危害的伤害，一般不会立刻表现出症状。而病情确诊，要鉴定为职业病却往往比较繁琐，容易使受害者因取证难、鉴定时间长而造成不应有的痛苦，努力将英雄流血又流泪的现象从源头上预防消除。

第二节 危险因素辨识

一、危险因素辨识原则

（一）科学规范

危险因素辨识，必须以科学理论作指导，以相关的标准、成功的经验作依据，以科学的方法来操作，对危险因素存在的部位、方式及导致事故的途径与规律进行准确描述。

（二）系统全面

危险因素存在于生产活动的各个方面，因此，必须对系统进行全面剖析，不能将危险因素当作相互孤立的个体来看待。要先横向展开，再纵向深入，从系统、子系统、单元到基本构成要素有序辨识危险因素，特别是要充分考虑系统各要素的相关性，把一些能相互作用产生危险的因素找出来。

任何一个不起眼的危险因素，都可能酿成不可估量的事故。因此，危险因素辨识，必须做到全面。要按照一定的顺序，有序辨识各个环节的危险因素。不仅要辨识正常状态下的危险因素，还要辨识异常状态下的危险因素。

（三）充分预测

对于危险因素，不仅要分析其具体的表现形式，还要分析其产生的条件和可能的事故类型、事故状况。

二、薄弱点辨识

薄弱点辨识，是确定一旦发生事故，企业的哪些地方容易受到破坏。薄弱点辨识应得到如下结果。

1. 受严重影响的重大危险源

（1）可能遭受严重影响的长期或临时的生产、储存、使用和经营危险化学品，且危险化学品的数量等于或超过临界量的单元。

（2）可能遭受严重影响的其他存在危险能量等于或超过临界量的单元。

2. 受严重影响的工艺、设备、装置、场所

（1）可能遭受严重影响的关键工艺；

（2）可能发生火灾、爆炸、有毒气体泄漏等严重危害的装置、设备等；

（3）可能遭受严重影响的危险物品储罐区、仓库、建筑等；

（4）可能遭受严重影响的工作场所；

（5）其他。

3. 周边可能造成重大人员伤亡的单位及人数

（1）办公楼及人数；

（2）政府机关及人数；

（3）医院及人数；

（4）学校及人数；

（5）居民区及人数；

（6）商业场所及人数；

（7）银行及人数；

（8）影剧院、体育场馆等公共娱乐场所及人数；

（9）其他。

4. 可能遭受严重影响的公共设施

（1）生活供水、工业供水；

（2）变配电站及电力线路；

（3）公共交通；

（4）燃气输送设施；

（5）通信设施；

（6）信息网络设施；

（7）其他。

5. 可能遭受严重环境影响的领域

（1）地下水源；

（2）江河湖海；

（3）湿地、草原、森林等植被；

（4）大气；

（5）各类动物；

（6）其他。

三、爆炸极限的影响因素与防爆措施

爆炸是物质的一种非常急剧的物理、化学变化，在变化过程中，伴有物质所含能量的快速转变，即变为该物质本身、生产物或周围介质的压缩能和运动能。其重要特征是大量能量在有限的时间里突然释放或急剧转化，这种能量能在有限的时间和有限的体积内大量积聚造成高温、高压等非寻常状态，对邻近介质形成急剧的压力突跃和随后的复杂运动，显示出不寻常的移动或破坏效应。在石油、化工等行业生产过程中，从原料到成品，使用、产生的易燃易爆物质很多，一旦发生爆炸事故，常会带来非常严重的后果，造成巨大的经济损失和人员伤害，譬如泵房垮塌、油罐爆炸着火、装置报废、人员伤亡。正因如此，控制爆炸是石油、化工等行业的重中之重。要科学有效地控制气体、粉尘爆炸，就不能不对爆炸极限有一个科学的认识。正确理解爆炸极限极其影响因素、防爆措施，对于进行风险辨识评估，科学制定预案具有极为重要的作用。

（一）爆炸极限的定义

爆炸极限是可燃物质(可燃气体、蒸气或粉尘)与空气(或氧气)形成的可燃性混合物，在标准测试条件下引起爆炸的浓度极限值，称为爆炸极限。

爆炸上限是可燃性混合物能够发生爆炸的最高浓度，Upper Explosion-Level（UEL）。

爆炸下限是可燃性混合物能够发生爆炸的最低浓度，Low Explosion-Level(LEL)。

（二）影响爆炸极限的因素

1. 可燃气体

（1）混合系的组分不同，爆炸极限也不同。同一混合系，由于初始温度、系统压力、惰性介质含量、混合系存在空间及器壁材质以及点火能量的大小等都能使爆炸发生变化。

（2）温度影响。因为化学反应与温度有很大的关系，所以，爆炸极限数据必定与混合物规定的初始温度有关。初始温度越高，引起的反应越容易传播。一般规律，混合系原始温度升高，则爆炸极限范围增大即下限降低、上限增高。因为系统温度升高，分子内能增加，使原来不燃的混合物成为可燃、可爆系统。初始温度对混合物爆炸极限的影响示例见表 3-1。

表 3-1　初始温度对混合物爆炸极限的影响示例

可燃物	混合物温度/℃	爆炸下限/%	爆炸上限/%
丙酮	0	4.2	8.0
	50	4.0	9.8
	100	3.2	10.0
煤气	20	6.00	13.4
	100	5.45	13.5
	200	5.05	13.8

（3）压力影响。系统压力增高，爆炸极限范围也扩大，明显体现在爆炸上限的提高。这是由于压力升高，使分子间的距离更为接近，碰撞概率增高，使燃烧反应更容易进行，爆炸极限范围扩大，特别是爆炸上限明显提高。压力减小，则爆炸极限范围缩小，当压力降至一定值时，其上限与下限重合，此时的压力称为为混合系的临界压力，低于临界压力，系统不爆炸。以甲烷为例说明压力对爆炸极限的影响(表 3-2)。

表 3-2 压力对爆炸极限的影响(以甲烷为例)

初始压力/Pa	爆炸下限/%	爆炸上限/%
9.8×10^4	5. 6	14. 3
9.8×10^5	5. 9	17. 2
4.9×10^6	5. 4	29. 4
1.2×10^7	5. 7	45. 7

(4) 惰性气体含量影响。混合系中惰性气体量增加，爆炸极限范围缩小，惰性气体浓度提高到某一数值时，混合系就不能爆炸。

(5) 惰性气体种类不同，对爆炸极限的影响也不同。以汽油为例，其爆炸极限范围按氮气、燃烧废气、二氧化碳、氟利昂21、氟利昂 12、氟利昂 11 顺序依次缩小。

(6) 容器、管径影响。容器、管子直径越小，则爆炸范围越小，当管径小到一定程度时，单位体积火焰所对应的固体冷却表面散发出的热量就会大于产生的热量，火焰便会中断熄灭。火焰不能传播的最大管径称为临界直径。

(7) 点火强度影响。点火能的强度高，燃烧自发传播的浓度范围也就越宽。尤其是爆炸上限向可燃气含量较高的方向移动。如甲烷在 100V 电压、1A 电流火花作用下，无论何种比例情况均不爆炸；若电流增加到 2A，其爆炸极限为 5. 9%～13. 6%；电流上升到 3A 时，其爆炸极限为 5. 85%～14. 8%。

(8) 干湿度影响。通常可燃气与空气混合物的相对湿度对于爆炸宽度影响虽小，但在极度干燥时，爆炸范围宽度为最大。

(9) 热表面、接触时间的影响。热表面的面积大，点火源与混合物的接触时间长等都会使爆炸极限扩大。

除此之外，混合系统接触的封闭外壳的材质、机械杂质、光照、表面活性物质等都可能影响到爆炸极限范围。

可燃气体的爆炸上限和氧与氮在空气中的比例几乎无关。因为氧和氮的比热容相近，燃烧热传递到这两种气体都会导致相同的燃烧温度，所以，混合气体一旦被点燃，过剩的氧是否被氮所取代，无关紧要。

爆炸上限与空气中的氧含量有很大的关系。这是由于可燃气或可燃蒸气过剩，也就是氧气不足所致。

2. 可燃蒸气

可燃蒸气的爆炸极限由可燃液体产生的蒸气浓度决定。对于可燃液体而言，爆炸下限对应的闪点温度又可以称为爆炸下限温度，爆炸上限浓度对应的液体温度又可以称为爆炸上限温度。

爆炸上限与空气中的氧含量有很大的关系。原因也是由于氧气不足致使可燃气或可燃蒸气过剩。

3. 可燃粉尘

可燃粉尘爆炸是因其粒子表面氧化而发生的。其爆炸过程包括以下几个阶段：

(1) 子表面接受热能时，表面温度上升；

(2) 粒子表面的分子产生热分解或干馏作用成为气体排放在粒子周围；

(3) 该气体同空气混合成为爆炸性混合气体，发火产生火焰，这种火焰产生的热，进一步促进粉末的分解不断成为气相，放出可燃气体与空气混合面发火、传播。

粉尘爆炸极限受以下因素影响：

(1) 粒度。粉尘爆炸下限受粒度的影响很大，粒度越高(粒径越小)爆炸下限越低。

(2) 水分。含尘空气有水分存在时，爆炸下限提高，甚至失去爆炸性。欲使产品成为不爆炸的混合物，至少使其含 50% 的水。

(3) 氧的浓度。粉尘与气体的混合物中，氧气浓度增加将导致爆炸下限降低。

（4）点火源。粉尘爆炸下限受点火源温度、表面状态的影响。温度高、表面积大的点燃源，可使粉尘爆炸下限降低。

以上叙述表明，决不可把爆炸特性值看作是物理常数。而在实际工作中，却有很多人把其当作一个常数，这对处理实际工作中遇到的特殊情况有很大的危害。这些值与测定时所采用的方法有很大的关系。正因如此，同一种气体，其爆炸极限数值在国内、国外权威部门发布的数据也是有所不同。仅以甲烷为例，见表 3–3。

表 3–3 各国发布的甲烷爆炸极限值

CH_4	中国	澳大利亚	德国
爆炸下限	5.3	5	4.6
爆炸上限	15	15	14.2

但是，这些数值由于本身差别并不大，而在进行气体监测报警时，更是取其爆炸下限的 10%进行报警，因此，差别就更加微小，一般情况下不影响正常使用，但是，作为一个管理者而言，应该知道这个数值的来源，并根据自己的实际情况予以科学掌握使用，特别是在特殊情况下，比如热表面的面积大、点火源与混合物的接触时间长的情况下，就应该充分考虑到爆炸极限的扩大。如果一成不变，死搬教条，就易引发事故，影响生产的正常运行。

（三）超过爆炸极限的可能危险

可燃性混合物的爆炸极限范围越宽、爆炸下限越低和爆炸上限越高时，其爆炸危险性越大。这是因为，爆炸极限越宽，则出现爆炸条件的机会就多；爆炸下限越低，则可燃物稍有泄漏就会形成爆炸条件；爆炸上限越高则有少量空气渗入容器，就能与容器内的可燃物混合形成爆炸条件。控制气体浓度是防止爆炸的不可缺少的一环，可以加入惰性气体或其他不易燃的气体来降低浓度。

应当特别注意，可燃性混合物的浓度高于爆炸上限时，虽然不会爆炸，但当它从容器或管道里逸出，重新接触空气时被稀释，仍有进入爆炸极限范围发生爆炸的危险。

（四）爆炸控制

由于爆炸造成的后果常常非常严重，在化工生产作业中，爆炸压力的作用和火灾的蔓延，不使会使生产设备遭受损失，而且使建筑破坏，甚至致人死亡。科学防爆，非常重要。

防止爆炸的一般原则是：一是控制混合气体的组分处在爆炸极限以外；二是使用惰性气体取代空气；三是使氧气浓度处于其极限值以下。为此，应防止可燃气向空气中泄漏或防止空气进入可燃气体中；控制、监视混合气体组分浓度；装设气体组分接近危险范围的报警装置。

防止爆炸的具体措施主要有以下几点：

1. 惰性介质保护

由于爆炸的形成需要有可燃物质和氧气，以及一定的点火能量。利用惰性气体取代空气中的氧气，就消除了引发爆炸的一大因素，从而使爆炸过程无法完成。在化工生产中，采取的惰化气体主要用氮气、二氧化碳、水蒸气、烟道气等。在下列工艺环节宜采取惰性气体保护措施。

（1）易燃固体物质的粉碎、筛选处理及其粉末输送时，采用惰性气体进行覆盖保护。

（2）处理可燃易爆的物料系统，在进料前，用惰性气体进行置换，以排除系统中原有的气体，防止形成爆炸性混合物。

（3）将惰性气体通过管线与有火灾爆炸危险的设备、储槽等连接起来，在万一发生危险时使用。

（4）易燃液体利用惰性气体充压输送。

（5）在有爆炸性危险的生产场所，对有引起火灾危险的电器、仪表等采用充氮正压保护。

（6）易燃易爆系统检修动火前，使用惰性气体进行吹扫置换。

（7）发现易燃易爆气体泄漏时，采用惰性气体（水蒸气）冲淡。发生火灾时，用惰性气体进行灭火。

2. 系统密闭和负压操作

为防止易燃气体、蒸气或可燃性粉尘与空气形成爆炸性混合物，应设法使设备密闭。为了保证设备的密闭性，对危险设备及系统应尽量少用法兰连接，但要保证安全检修的方便。

为防止有毒或爆炸性危险气体向器外逸散，可以采用负压操作系统。对于在负压操作下生产的设备，应防止空气吸入。

3. 通风置换

通风，可以有效防止易燃易气体积聚并达到爆炸极限。排除有燃烧爆炸危险粉尘的排风系统，应采用不产生火花的除尘器。含有爆炸性粉尘的空气，在进入风机前，应进行净化。

4. 阻止容器或室内爆炸的安全措施

（1）抗爆容器

对已知的爆炸结果做系统的评定表明，在符合一定结构要求的前提下，即便容器和设备没有附加防护措施，也能承受一定的爆炸压力。如果选择这种结构形式的设备在剧烈爆炸情况下没有被炸碎，而只产生部分变形，那么设备的操作人员就可以安然无恙，这也就达到了最重要的防护目的。

由于这一方法的成本很高，而且与相关设备的安全可靠性差别太大，因此，在生产实践中很少用到，非特别危险或发生事故造成严重后果的装置均不采用。

（2）爆炸卸压

通过固定的开口及时进行卸压，则容器内部就不会产生不可接受的高压，也就不必使用能抗这种高压的结构，把没有燃烧的混合物和燃烧的气体排放到大气里去，就可把爆炸压力限制在容器材料强度所能承受的范围。卸压装置可分为一次性（如爆破膜）和重复使用的装置（如安全阀）。

（3）房间卸压

主要是用来保护容器和装置的，它能使被保护设备不被炸毁和使人不受伤害。也可用卸压措施来保护房间，但不能保护房间里的人。这种情况下，房间里的设备必须是遥控的，并在运行期间严禁人员进入房间。一般可以通过窗户、外墙和建筑物的房顶来进行卸压。

5. 爆炸遏制

爆炸遏制系统由能检测初始爆炸的传感器和压力式的灭火剂罐组成，灭火剂罐通过传感装置动作。在尽可能短的时间里，把灭火剂均匀地喷射到需保护的容器里。于是，爆炸燃烧被扑灭，控制爆炸的发生。对爆炸燃烧能自行进行检测，并在停电后的一定时间里仍能继续进行工作。

爆炸遏制系统的重要作用，就是当可燃气或粉尘爆炸时，防止容器里出现不可接受的高压，从而使容器、设备免受爆炸损坏，并不会对人造成任何伤害。如果爆炸能引起有毒的或对环境有害的可燃气、蒸气或粉尘散发，那么，爆炸遏制是很重要的措施。

6. 阻止管道爆炸的防护措施

（1）阻火器

利用阻火器把可能发生的爆炸限制在一定的空间内，阻火器常用是机械阻火器，但由于其工作面上的狭窄孔隙易附着污物，阻火器必须定期清扫，所以这类阻火器仅被用作输送可燃气或蒸气的管道里。输送易爆粉尘的管道已开始使用自动灭火剂阻火器。

（2）管道卸压

一是装爆破膜。管道发生的爆炸压力使爆破膜破裂，从而使管道卸压。为了能使管道在最恰当的时机泄压，防止爆轰的形成，现在已经应用外部控制式阻火器。

二是装防爆瓣阀。这是一种具有一定重量的能自动闭合的卸压装置。当爆炸或爆轰发生时，防爆瓣阀能够打开管端的排气口，接着再重新关闭，并尽可能地密封。

管道上应用上述卸压装置时，要特别慎重。因为卸压动作会引起爆炸速度和爆炸压力的上升，所以，对管端卸压装置的功能和机械强度的要求是很高的。使用管端卸压装置要防止管端随时遭到破坏(终端法兰、弯头、支管)。

(3) 快速关闭装置

快速关闭装置近似一个在一定的爆炸压力下，能够自动动作紧急切断管线物料的阀门。它可以阻止与管道连接的容器出现超高压力上升，并能防止爆炸从防护部位往没有防护的部位传播。

第三节　风险分析评估

一、风险分析及其方法

(一) 风险的定义及内涵

天有不测风云，人有旦夕祸福。风险的客观存在是不以人的主观意志为转移的。人类在工作、生活中，始终无法完全避免自然灾害、意外事故等各种威胁。人类长期以来一直在努力寻找回避风险、处理风险的方法，探索有效的途径来降低风险成本。生产和生活中充满了来自自然和人为(技术)的风险。风险是通过事故现象和损失事件表现出来的。为理解风险的概念，先分析一下事故的形成过程。事故的形成过程可用图 3-1 表达。

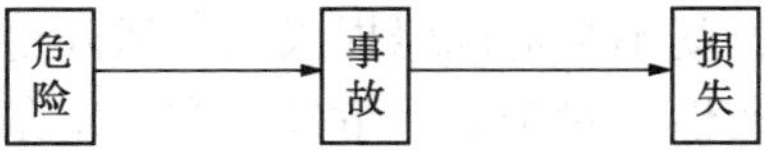

图 3-1　事故形成的机理

所谓危险就是事物所处的一种不安全状态，在这种状态下，将可能导致某种事故或一系列的损害或损失事件。事故链上的最终事故会引起某些损失或损害，包括人员伤害、财产损失或环境破坏等。

危险的出现概率、发生何种事故及其发生概率、导致何种损失及其概率都是不确定的。这种事故形成过程中的不确定性，就是广义上的风险。在实际的风险分析工作中，人们主要关心事故所造成的损失，并把这种不确定的损失的期望值叫作风险，这可谓狭义的风险。

风险是由 3 个要素构成的，它们分别是风险要素、风险事故和损失。

1. 风险因素

风险因素是指引起或增加风险事故发生的机会或扩大损失幅度的条件，是风险事故发生的潜在原因，是造成损失的内在或间接原因。也就是促使某一特定损失发生或增加其发生的可能性或扩大其损失程度的原因，例如汽车的刹车系统失灵是足以引起或者增加车祸事故的风险因素，用火不慎或输电线路老化是火灾事故的风险因素。只有存在风险因素，才有风险的可能性；消除了风险因素，也就消除了风险。

2. 风险事故

风险事故是指造成生命财产损失的偶然事件，是造成损失的直接或外在的原因，是损失的媒介物。即风险只有通过风险事故的发生，才能导致损失。

例如，浓雾天气条件下，航行中的船舶发生碰撞致船损人伤，其中雾天是风险因素，碰撞是风险事故。如果仅是雾天而船舶没有发生碰撞，就不会造成船损人伤。风险事故意味着风险的可能性转化为现实性。对于某一事件，在一定条件下可能是造成损失的直接原因，则它成为风险事故；而在其他条件下，可能是造成损失的间接原因，则它便成为风险因素。如下冰雹使得路滑而发生车祸，造成人员伤亡，这时冰雹是风险因素，车祸是风险事故。若是冰雹直接击伤行人，则它是风险事故。

3. 损失

在风险管理中，损失是指非故意的、非预期的和非计划的经济价值的减少，即经济价值意外的减少或灭失，这个定义是狭义的，而广义的损失包括物质上的灭失和精神上的耗损。

通常保险商将损失分为直接损失和间接损失。直接损失是指风险事故直接造成的有形损失，即实质损失；间接损失是由直接损失进一步引发或带来的无形损失，包括额外费用损失、收入损失和责任损失。

风险是由风险因素、风险事故和损失三者构成的统一体，它们之间存在一种因果关系，这种关系可归纳为：风险因素引发风险事故，风险事故导致损失。

（二）风险的特征

尽管风险是多种多样的，但只要通过一定数量样本的认真分析研究，就能得出以下特征。

1. 风险存在的客观性

自然界的地震、台风、洪水、社会领域的战争、冲突、瘟疫、意外事故等，都不以人的意志为转移，它们是独立于人的意识之外的客观存在。这是因为无论是自然界的物质运动，还是社会发展的规律，都是由事物的内部因素所决定，由超过人们主观意识所存在的客观规律所决定。人们只能在一定的时间和空间内改变风险存在和发生的条件，降低风险发生的频率和损失幅度，而不能彻底消除风险。

2. 风险存在的普遍性

在社会经济生活中会遇到自然灾害、意外事故、决策失误等意外不幸事件，也就是说，我们面临着各种各样的风险。随着科学技术的进步、生产力的提高、社会的发展、人类的进化，一方面，人类预测、认识、控制和抵抗风险的能力不断增强，另一方面又产生新的风险，且风险造成的损失越来越大。在当今社会，个人面临生、老、病、死、意外伤害等风险；企业则面临着自然风险、市场风险、技术风险、政治风险等；甚至国家和政府机关也面临各种风险。总之，风险渗入到社会、企业、个人生活的方方面面，无时、无处不在。

3. 风险的损害性

风险是与人们的经济利益密切相关的。风险的损害性是指风险损失发生后给人们的经济造成的损失以及对人的生命的伤害。

4. 某一风险发生的不确定性

虽然风险是客观存在的，但就某一具体风险而言，其发生是偶然的，是一种随机现象。风险必须是偶然的和意外的，即对某一个单位而言，风险事故是否发生不确定，何时发生不确定，造成何种程度的损失也不确定。必然发生的现象，既不是偶然的也不是意外的，如折旧、自然损耗等不适风险。

5. 总体风险发生的可测性

个别风险事故的发生是偶然的，而对大量风险事故的观察会发现，其往往呈现出明显的规律性，运用统计方法去处理大量相互独立的偶发风险事故，其结果可以比较准确地反映风险的规律性。根据以往大量的资料，利用概率论和数理统计方法可测算出风险事故发生的概率及其损失幅度，并且可以构造成损失分布的模型。

6. 风险的发展性

风险是发展的。第一，表现为风险性质的变化，如车祸，在汽车出现的初期是特定风险，在汽车成为主要交通工具后则成为基本风险。第二，是风险量的复化，随着人们对风险认识的增强和风险管理方法的完善，某些风险在一定程度上得以控制，可降低其发生频率和损失程度。第三，某些风险在一定的时间和空间范围内被消除。第四，新的风险产生。

（三）风险管理的内容

风险管理的内容包括：风险分析、风险评估和风险控制三部分，简称风险管理三要素。风险是现代生产与生活实践中难以避免的。从安全管理与事故预防的角度分析，关键的问题是如何将风险控制在人们可以接受的水平之内。如图 3-2 所示。

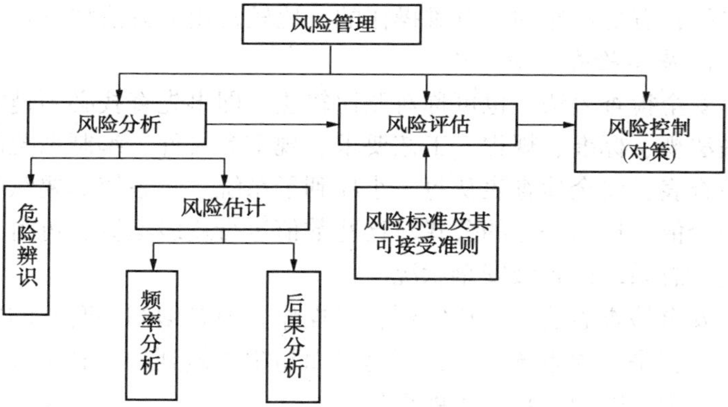

图 3-2 风险管理的内容

（四）风险大小衡量

风险分析，就是对事故发生的可能性大小与事故后果的轻重进行的综合度量。风险大小可以用风险率来衡量。风险率(R)等于事故发生的概率(P)与事故损失严重度(S)的乘积，即

$$R=PS$$

由于概率值难以取得，常用事故频率代替事故概率，因此，风险率可表示为

风险率＝(事故次数/单位时间)×(事故损失/事故次数)

＝事故损失/单位时间

（五）风险分析的作用

风险分析，可得出定性或定量结果，其作用主要有以下几个：

(1) 确定危险源，并进行排序；

(2) 确定重大危险源；

(3) 确定企业现状安全等级；

(4) 确定应急救援的对象，即可能突发的重大事故、事件。

(六) 风险分析方法

风险分析的方法很多，有定性的，有定量的；有复杂的，有简单的；有易操作的，有难操作的。比较常用的方法如下：

1. 安全检查表法

安全检查表法，也可称对照比较法，即事先查找必须遵守的有关法规、标准、规程、工艺要求、规定等文件，编制系统的安全检查表，安全检查表从每一小项到子系统、总系统都要赋予相应的分值，按照一定的公式对这些数值进行逐级运算，可得到子系统、总系统的各级安全状况。

安全检查表法，简单实用，易操作。但是编制一套好的安全检查表，是一项系统工程，不是轻而易举能做到的，必须投入相当的人力、财力、物力才能做好。

2. 经验分析法

经验分析法，就是利用一个人、一个组织的经验进行分析。这种方法简单实用，有针对性。但是，往往受到知识面窄、经验少、相关资料不足等局限，使诸多危险因素无法辨识出来。

3. 头脑风暴法

头脑风暴法(Brain Storming)，又称智力激励法，是美国人最先总结出来的一种寻求问题解决方案的方法。是通过小型会议的组织形式，让所有参加者在自由愉快、畅所欲言的气氛中，自由交换想法或点子，并以此激发与会者创意及灵感，使各种设想在相互碰撞中激起脑海的创造性“风暴”。现在国内许多专家研讨会，采用的就是头脑风暴法。

头脑风暴法的操作程序为：

（1）准备阶段

负责人应事先对所议问题进行一定的研究，弄清问题的实质，找到问题的关键，设定解决问题所要达到的目标。同时选定参加会议人员，一般以 5~10 人为宜，不宜太多。然后将会议的时间、地点、所要解决的问题、可供参考的资料和设想、需要达到的目标等事宜一并提前通知与会人员，让大家做好充分准备。

（2）热身阶段

这个阶段的目的是创造一种自由、宽松、祥和的氛围，使大家得以放松，思维进入一种无拘无束、轻松活跃的状态。

（3）明确问题

主持人扼要介绍有待解决的问题。介绍时须简洁、明确，不可过分周全，否则，过多的信息会限制人的思维，干扰思维创新的想象力。

（4）重新表述问题

经过一段讨论后，大家对问题已经有了较深程度的理解。这时，为了使大家对问题的表述能够具有新角度、新思维，主持人或书记员要记录大家的发言，并对发言记录进行整理。通过记录的整理和归纳，找出富有创意的见解，以及具有启发性的表述，供下一步畅谈时参考。

（5）畅谈阶段

为了使大家能够畅所欲言，需要制订的规则是：鼓励与会者自由发表意见，但不得重复别人的意见，也不允许反驳别人的意见，以便形成一种自由讨论的气氛，激发与会者进行创造性思维的积极性；会议的主持人，特别是高级领导人和权威人士，不发表自己的意见，不表明自己的倾向，以免妨碍会议的自由气氛；不要私下交谈，以免分散注意力。

主持人首先要向大家宣布这些规则，随后导引大家自由发言，自由想象，自由发挥，使彼此相互启发，相互补充，真正做到知无不言，言无不尽，畅所欲言，然后将会议发言记录进行整理。

(6) 筛选阶段

会议结束后的一两天内，主持人应向与会者了解大家会后的新想法和新思路，以此补充会议记录。然后将大家的想法整理成若干方案，再根据可识别性、创新性、可实施性等标准进行筛选。经过多次反复比较和优中择优，最后确定 1~3 个最佳方案。这些最佳方案往往是多种创意的优势组合，是大家集体智慧综合作用的结果。

4. 反向头脑风暴法

反向头脑风暴法，亦称质疑头脑风暴法，是对已经形成的设想、意见、方案进行可行性研究的一种会议形式。

这种会议形式的主要规则是：会议的参加者对已提出的设想、意见、方案禁止作确认论证，而只允许提出各种质疑或评论。

反向头脑风暴法的一般程序是：

(1) 对已经形成的设想、意见、方案提出质疑或评论，一直进行到没有问题可以质疑为止。质疑和评论的内容是，论证原设想、意见、方案不能成立或无法实现的根据，或者是说明要实现原设想、意见、方案可能存在的种种制约因素，以及排除这些制约因素的必要条件等。

(2) 把质疑和评论的各种意见归纳起来，并对其进行全面的分析、比较和估价，最后，形成一个具有可行性的具体结论。

5. 德尔菲法

德尔菲(Delphi)是古希腊的一座城名，阿波罗神殿的所在地。由于阿波罗神殿的神谕威信极高，该城就被认为是预言家们活动的场所。在 20 世纪 40 年代，美国兰德公司的研究人员设计出了一种预测方法，由于其预测的准确性较高，因而被称之为德尔菲法。德尔菲法是一种集体的预测性调查方法。它的具体做法是：

（1）预测机构将要预测的问题写成含义明确的调查提纲，分别送给经过选择的专家，请他们用书面形式作出回答。

（2）专家们在背靠背，互不通气的情况下，各自独立作出自己的回答。然后将自己的预测意见，以无记名的方式反馈给预测机构。

（3）预测机构汇总专家们的意见，进行定量分析，然后将统计分析的结果反馈给专家。

（4）专家们根据反馈的资料，重新考虑原先的预测意见，既可改变自己的看法，也可坚持原来的意见，决定以后，再以书面形式反馈给预测机构。

这样，循环往复，经过三四轮反馈，预测意见就逐渐趋向集中，最后形成集体的预测结论。

德尔菲法的主要特点是：

（1）匿名性。预测机构与专家之间，专家与专家之间都是匿名的，都以书面形式进行联系。

（2）反复性。预测不是一次，而是多次反馈，多次预测。

（3）定量性。对预测意见做定量分析，对预测结果作定量评价。

（4）集体性。调查的结论不是个别专家的看法，而是若干专家的集体意见。

这些特点说明，德尔菲法实质上是一种集体的、间接的书面调查。这种调查方式的最大优点是：排除了调查中无法完全排除的各种社会心理因素的干扰，从而使调查结论能更准确地反映被调查的专家集体的共同意见。

6. 事故树分析法

事故树分析法（Fault Tree Analysis，FTA）又称事故逻辑分析，对事故进行分析和预测的一种方法。

事故树分析法是对既定的生产系统或作业中可能出现的事故条件及可能导致的灾害后果，按工艺流程，先后次序和因果关系绘成的程序方框图，即表示导致事故的各种因素之间的逻辑关系。用以分析系统的安全问题或系统运行的功能问题，并为判明事故发生的可能性和必然性之间的关系，提供的一种表达形式。

7. 事件树分析法

事件树分析（Event Tree Analysis，ETA）是一种归纳逻辑图。是决策树（Decision Tree）在安全分析中的应用。它从事件的起始状态出发，按一定的顺序，逐项分析系统构成要素的状态（成功或失败）。并将要素的状态与系统的状态联系起来，进行比较，以查明系统的最后输出状态，从而展示事故的原因和发生条件。

8. 其他风险分析方法

还有其他许多风险分析方法，如道化学火灾、爆炸指数法、ICI 蒙德法、预先危险法、危险与可操作性分析、风险矩阵法等。各种方法有不同的优缺点，企业应根据企业特点灵活选用。

二、危险化学品重大危险源判定

《危险化学品重大危险源监督管理暂行规定》（国家安全生产监督管理总局令第 40 号）要求，危险化学品单位应当依法制定重大危险源事故应急预案，因此，必须学会危险化学品重大危险源的判定方法。

（一）危险化学品重大危险源所涉基本要素

1. 危险化学品重大危险源

长期地或临时地生产、储存、使用和经营危险化学品，且危险化学品的数量等于或超过临界量的单元。

2. 临界量

某种或某类危险化学品构成重大危险源所规定的最小数量。

3. 单元

涉及危险化学品的生产、储存装置、设施或场所，分为生产单元和储存单元。

4. 生产单元

危险化学品的生产、加工及使用等的装置及设施，当装置及设施之间有切断阀时，以切断阀作为分隔界限划分为独立的单元。

5. 储存单元

用于储存危险化学品的储罐或仓库组成的相对独立的区域，储罐区以罐区隔堤为界限划分为独立的单元，仓库以独立库房为界限划分为独立的单元。

6. 混合物

由两种或者多种物质组成的混合体或者溶液。

（二）危险化学品重大危险源判定方法

生产单元、储存单元内存在危险化学品的数量等于或超过表3–4、表3–5规定的临界量，即被定为重大危险源。

表3–4 危险化学品名称及其临界量

序号	危险化学品名称和说明	别名	CAS号	临界量/t
1	氨	液氨；氨气	7664–41–7	10
2	二氟化氧	一氧化二氟	7783–41–7	1
3	二氧化氮		10102–44–0	1
4	二氧化硫	亚硫酸酐	7446–09–5	20
5	氟		7782–41–4	1
6	碳酰氯	光气	75–44–5	0.3
7	环氧乙烷	氧化乙烯	75–21–8	10
8	甲醛（含量>90%）	蚁醛	50–00–0	5
9	磷化氢	磷化三氢；膦	7803–51–2	1

续表

序号	危险化学品名称和说明	别名	CAS 号	临界量/t
10	硫化氢		7783-06-4	5
11	氯化氢(无水)		7647-01-0	20
12	氯	液氯；氯气	7782-50-5	5
13	煤气(CO、CO 和 H_2、CH_4 的混合物等)			20
14	砷化氢	砷化三氢、胂	7784-42-1	1
15	锑化氢	三氢化锑；锑化三氢；䏲	7803-52-3	1
16	硒化氢		7783-07-5	1
17	溴甲烷	甲基溴	74-83-9	10
18	丙酮氰醇	丙酮合氰化氢；2-羟基异丁腈；氰丙醇	75-86-5	20
19	丙烯醛	烯丙醛；败脂醛	107-02-8	20
20	氟化氢		7664-39-3	1
21	1-氯-2,3-环氧丙烷	环氧氯丙烷(3-氯-1,2-环氧丙烷)	106-89-8	20
22	3-溴-1,2-环氧丙烷	环氧溴丙烷；溴甲基环氧乙烷；表溴醇	3132-64-7	20
23	甲苯二异氰酸酯	二异氰酸甲苯酯；TDI	26471-62-5	100
24	一氯化硫	氯化硫	10025-67-9	1
25	氰化氢	无水氢氰酸	74-90-8	1
26	三氧化硫	硫酸酐	7446-11-9	75

续表

序号	危险化学品名称和说明	别名	CAS 号	临界量/t
27	3-氨基丙烯	烯丙胺	107-11-9	20
28	溴	溴素	7726-95-6	20
29	乙撑亚胺	吖丙啶；1-氮杂环丙烷；氮丙啶	151-56-4	20
30	异氰酸甲酯	甲基异氰酸酯	624-83-9	0.75
31	叠氮化钡	叠氮钡	18810-58-7	0.5
32	叠氮化铅		13424-46-9	0.5
33	雷汞	二雷酸汞；雷酸汞	628-86-4	0.5
34	三硝基苯甲醚	三硝基茴香醚	28653-16-9	5
35	2,4,6-三硝基甲苯	梯恩梯；TNT	118-96-7	5
36	硝化甘油	硝化丙三醇；甘油三硝酸酯	55-63-0	1
37	硝化纤维素[干的或含水(或乙醇)<25%]	硝化棉	9004-70-0	1
38	硝化纤维素(未改型的或增塑的，含增塑剂<18%)			1
39	硝化纤维素(含乙醇≥25%)			10
40	硝化纤维素(含氮≤12.6%)			50
41	硝化纤维素(含水≥25%)			50
42	硝化纤维素溶液(含氮量≤12.6%，含硝化纤维素≤55%)	硝化棉溶液	9004-70-0	50

续表

序号	危险化学品名称和说明	别名	CAS 号	临界量/t
43	硝酸铵(含可燃物>0.2%，包括以碳计算的任何有机物，但不包括任何其他添加剂)		6484-52-2	5
44	硝酸铵(含可燃物≤0.2%)		6484-52-2	50
45	硝酸铵肥料(含可燃物≤0.4%)			200
46	硝酸钾		7757-79-1	1000
47	1,3-丁二烯	联乙烯	106-99-0	5
48	二甲醚	甲醚	115-10-6	50
49	甲烷，天然气		74-82-8(甲烷) 8006-14-2(天然气)	50
50	氯乙烯	乙烯基氯	75-01-4	50
51	氢	氢气	1333-74-0	5
52	液化石油气(含丙烷、丁烷及其混合物)	石油气(液化的)	68476-85-7	50
53	一甲胺	氨基甲烷；甲胺	74-89-5	5
54	乙炔	电石气	74-86-2	1
55	乙烯		74-85-1	50
56	氧(压缩的或液化的)	液氧；氧气	7782-44-7	200
57	苯	纯苯	71-43-2	50
58	苯乙烯	乙烯苯	100-42-5	500

续表

序号	危险化学品名称和说明	别名	CAS 号	临界量/t
59	丙酮	二甲基酮	67-64-1	500
60	2-丙烯腈	丙烯腈；乙烯基氰；氰基乙烯	107-13-1	50
61	二硫化碳		75-15-0	50
62	环己烷	六氢化苯	110-82-7	500
63	1,2-环氧丙烷	氧化丙烯；甲基环氧乙烷	75-56-9	10
64	甲苯	甲基苯；苯基甲烷	108-88-3	500
65	甲醇	木醇；木精	67-56-1	500
66	汽油(乙醇汽油、甲醇汽油)		86290-81-5（汽油）	200
67	乙醇	酒精	64-17-5	500
68	乙醚	二乙基醚	60-29-7	10
69	乙酸乙酯	醋酸乙酯	141-78-6	500
70	正己烷	己烷	110-54-3	500
71	过乙酸	过醋酸；过氧乙酸；乙酰过氧化氢	79-21-0	10
72	过氧化甲基乙基酮(10%<有效氧含量≤10.7%，含 A 型稀释剂≥48%)		1338-23-4	10
73	白磷	黄磷	12185-10-3	50
74	烷基铝	三烷基铝		1
75	戊硼烷	五硼烷	19624-22-7	1

续表

序号	危险化学品名称和说明	别名	CAS 号	临界量/t
76	过氧化钾		17014-71-0	20
77	过氧化钠	双氧化钠；二氧化钠	1313-60-6	20
78	氯酸钾		3811-04-9	100
79	氯酸钠		7775-09-9	100
80	发烟硝酸		52583-42-3	20
81	硝酸(发红烟的除外，含硝酸>70%)		7697-37-2	100
82	硝酸胍	硝酸亚氨脲	506-93-4	50
83	碳化钙	电石	75-20-7	100
84	钾	金属钾	7440-09-7	1
85	钠	金属钠	7440-23-5	10

表 3-5 未在表 4-4 中列举的危险化学品类别及其临界量

类别	符号	危险性分类及说明	临界量/t
健康危害	J(健康危害性符号)	—	—
急性毒性	J1	类别 1，所有暴露途径，气体	5
	J2	类别 1，所有暴露途径，固体、液体	50
	J3	类别 2、类别 3，所有暴露途径，气体	50
	J4	类别 2、类别 3，吸入途径，液体(沸点≤35℃)	50
	J5	类别 2，所有暴露途径，液体(除 J4 外)、固体	500

续表

类别	符号	危险性分类及说明	临界量/t
物理危险	W(物理危险性符号)	—	—
爆炸物	W1.1	—不稳定爆炸物 —1.1 项爆炸物	1
	W1.2	1.2、1.3、1.5、1.6 项爆炸物	10
	W1.3	1.4 项爆炸物	50
易燃气体	W2	类别 1 和类别 2	10
气溶胶	W3	类别 1 和类别 2	150（净重）
氧化性气体	W4	类别 1	50
易燃液体	W5.1	—类别 1 —类别 2 和 3，工作温度高于沸点	10
	W5.2	—类别 2 和 3，具有引发重大事故的特殊工艺条件包括危险化工工艺、爆炸极限范围或附近操作、操作压力大于 1.6MPa 等	50
	W5.3	—不属于 W5.1 或 W5.2 的其他类别 2	1000
	W5.4	—不属于 W5.1 或 W5.2 的其他类别 3	5000
自反应物质和混合物	W6.1	A 型和 B 型自反应物质和混合物	10
	W6.2	C 型、D 型、E 型自反应物质和混合物	50
有机过氧化物	W7.1	A 型和 B 型有机过氧化物	10
	W7.2	C 型、D 型、E 型、F 型有机过氧化物	50
自燃液体和自燃固体	W8	类别 1 自燃液体 类别 1 自燃固体	50

续表

类别	符号	危险性分类及说明	临界量/t
氧化性固体和液体	W9.1	类别1	50
	W9.2	类别2、类别3	200
易燃固体	W10	类别1易燃固体	200
遇水放出易燃气体的物质和混合物	W11	类别1和类别2	200

单元内存在的危险化学品的数量根据危险化学品种类的多少区分为以下两种情况：

（1）生产单元、储存单元内存在的危险化学品为单一品种时，该危险化学品的数量即为单元内危险化学品的总量，若等于或超过相应的临界量，则定为重大危险源。

（2）生产单元、储存单元内存在的危险化学品为多品种时，按下式计算，若满足下式条件，则定为重大危险源：

$$S=q_1/Q_1+q_2/Q_2+\cdots+q_n/Q_n\geqslant 1$$

式中 S——辨识指标；

$q_1, q_2, \cdots, q_n$——每种危险化学品的实际存在量（危险化学品储罐以及其他容器、设备或仓储区的危险化学品的实际存在量按设计最大量确定），t；

$Q_1, Q_2, \cdots, Q_n$——与各危险化学品相对应的临界量，t。

对于危险化学品混合物，如果混合物与其纯物质属于相同危险类别，则视混合物为纯物质，按混合物整体进行计算。如果混合物与其纯物质不属于相同危险类别，则应按新危险类别考虑其临界量。

危险化学品重大危险源共分四级，具体分级标准及确定程序应依据危险化学品重大危险源辨识标准确定。

三、危险化学品重大事故隐患判定

《国务院安委会办公室关于实施遏制重特大事故工作指南构建双重预防机制的意见》(安委办〔2016〕11号)规定:“对于排查发现的重大事故隐患,应当在向负有安全生产监督管理职责的部门报告的同时,制定并实施严格的隐患治理方案,做到责任、措施、资金、时限和预案‘五落实’,实现隐患排查治理的闭环管理。”因此,必须准确掌握危险化学品重大事故隐患的判定标准。

根据原国家安全监管总局印发的《化工和危险化学品生产经营单位重大生产安全事故隐患判定标准(试行)》,以下情形应当判定为化工和危险化学品生产经营单位重大事故隐患:

(1)危险化学品生产、经营单位主要负责人和安全生产管理人员未依法经考核合格。

(2)特种作业人员未持证上岗。

(3)涉及“两重点一重大”的生产装置、储存设施外部安全防护距离不符合国家标准要求。

(4)涉及重点监管危险化工工艺的装置未实现自动化控制,系统未实现紧急停车功能,装备的自动化控制系统、紧急停车系统未投入使用。

(5)构成一级、二级重大危险源的危险化学品罐区未实现紧急切断功能;涉及毒性气体、液化气体、剧毒液体的一级、二级重大危险源的危险化学品罐区未配备独立的安全仪表系统。

(6)全压力式液化烃储罐未按国家标准设置注水措施。

(7)液化烃、液氨、液氯等易燃易爆、有毒有害液化气体的充装未使用万向管道充装系统。

(8)光气、氯气等剧毒气体及硫化氢气体管道穿越除厂区(包括化工园区、工业园区)外的公共区域。

(9)地区架空电力线路穿越生产区且不符合国家标准要求。

（10）在役化工装置未经正规设计且未进行安全设计诊断。

（11）使用淘汰落后安全技术工艺、设备目录列出的工艺、设备。

（12）涉及可燃和有毒有害气体泄漏的场所未按国家标准设置检测报警装置，爆炸危险场所未按国家标准安装使用防爆电气设备。

（13）控制室或机柜间面向具有火灾、爆炸危险性装置一侧不满足国家标准关于防火防爆的要求。

（14）化工生产装置未按国家标准要求设置双重电源供电，自动化控制系统未设置不间断电源。

（15）安全阀、爆破片等安全附件未正常投用。

（16）未建立与岗位相匹配的全员安全生产责任制或者未制定实施生产安全事故隐患排查治理制度。

（17）未制定操作规程和工艺控制指标。

（18）未按照国家标准制定动火、进入受限空间等特殊作业管理制度，或者制度未有效执行。

（19）新开发的危险化学品生产工艺未经小试、中试、工业化试验直接进行工业化生产；国内首次使用的化工工艺未经过省级人民政府有关部门组织的安全可靠性论证；新建装置未制定试生产方案投料开车；精细化工企业未按规范性文件要求开展反应安全风险评估。

（20）未按国家标准分区分类储存危险化学品，超量、超品种储存危险化学品，相互禁配物质混放混存。

四、重大火灾隐患判定

重大火灾隐患是指违反消防法律法规、不符合消防技术标准，可能导致火灾发生或火灾危害增大，并由此可能造成重大、特别重大火灾事故或严重社会影响的各类潜在不安全因素。其判定有两种方法，一是直接判定，二是对不能直接判定的进行综合判定。

（一）直接判定

根据《重大火灾隐患判定方法》(GB 35181—2017)，具有下列情形之一的，可直接判定为重大火灾隐患。

（1）生产、储存和装卸易燃易爆危险品的工厂、仓库和专用车站、码头、储罐区，未设置在城市的边缘或相对独立的安全地带。

（2）生产、储存、经营易燃易爆危险品的场所与人员密集场所、居住场所设置在同一建筑物内，或与人员密集场所、居住场所的防火间距小于国家工程建设消防技术标准规定值的 75%。

（3）城市建成区内的加油站、天然气或液化石油气加气站、加油加气合建站的储量达到或超过《汽车加油加气站设计与施工规范(2014 版)》(GB 50156—2012)对一级站的规定。

（4）甲、乙类生产场所和仓库设置在建筑的地下室或半地下室。

（5）公共娱乐场所、商店、地下人员密集场所的安全出口数量不足或其总净宽度小于国家工程建设消防技术标准规定值的 80%。

（6）旅馆、公共娱乐场所、商店、地下人员密集场所未按国家工程建设消防技术标准的规定设置自动喷水灭火系统或火灾自动报警系统。

（7）易燃可燃液体、可燃气体储罐(区)未按国家工程建设消防技术标准的规定设置固定灭火、冷却、可燃气体浓度报警、火灾报警设施。

（8）在人员密集场所违反消防安全规定使用、储存或销售易燃易爆危险品。

（9）托儿所、幼儿园的儿童用房以及老年人活动场所，所在楼层位置不符合国家工程建设消防技术标准的规定。

（10）人员密集场所的居住场所采用彩钢夹芯板搭建，且彩钢夹芯板芯材的燃烧性能等级低于《建筑材料及制品燃烧性能分级》(GB 8624—2012)规定的A级。

（二）综合判定

运用综合判定方法进行重大火灾隐患的判定，遵照GB 35181中的规定执行，此处不再详述。

第四章 应急预案及其编制

应急预案是事故救援的“作战方案”，预案质量高低决定着救援行动的成败。只有科学完备的救援预案，才能保障救援行动的顺利进行，真正做到有备而战，把握主动。近年来，国家出台了一系列有关企业应急预案编制的标准、规范，如《生产经营单位生产安全事故应急预案编制导则》(GB/T 29639—2013)、《生产安全事故应急预案管理办法》(国家安全生产监督管理总局令第 88 号)，对提升企业预案编制质量和救援水平起到了积极推动作用。但是，在生产实践中，诸多应急预案缺乏科学性、针对性、实用性，使得应急预案与实际救援脱节，出现“两张皮”现象，预案成了摆设，贻害无穷。必须高度重视应急预案的重要性，准确把应急预案的内容，科学编制应急预案，使其具备良好的科学性、针对性、实用性和可操作性，为应急救援充分发挥保障作用。

第一节 应急预案基本构成

应急预案，是针对各级各类可能发生的事故和所有危险源制订的应急方案，必须考虑事前、事发、事中、事后各个过程中相关部门和有关人员的职责，物资、装备的储备、配置等方方面面的需要。

概括起来，主要包括 6 个基本要素：方针与原则、应急策划、应急准备、应急响应、应急恢复、预案改进。这 6 个基本要素，是编制应急预案的最基本因素，也可以说是一级要素，构成了应急预案编制的基本程序和编制框架。

在每一个基本要素之下，都可以根据实际情况细分为二级、三级要素。如图 4-1 所示。

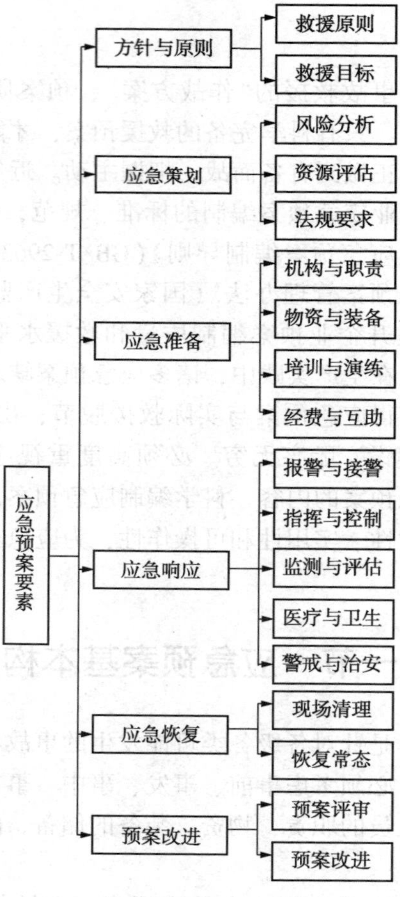

图 4-1　应急预案要素分解图

1. 方针与原则

任何应急救预案操作体系，首先必须有明确的方针和原则，作为开展应急救援工作的总则。方针与原则，反映了应急救援工作的优先方向、政策、范围和总体目标。应急策划、准备、响应程序的制定、现场救援行动、应急恢复，都要围绕方针和原则开展。

预防是事故应急救援工作的基础。事故应急救援工作坚持“防为上、救为下”的方针，贯彻“统一指挥、分级负责，条块结合、属地为主，单位自救和社会救援相结合”的原则，既要平时做好事故的预防工作，避免或减少事故的发生外，还要落实好救援工作的各项准备措施，做到预先有准备，一旦发生事故能迅速实施救援。

2. 应急策划

应急策划，就是为依法编制应急预案，并满足应急预案的针对性、科学性、实用性、可操作性要求，而进行的危险辨识、风险评估、预案对象确定、企业应急资源与应急能力现状评估等前期策划工作。

一个好用的应急预案应有针对性、科学性、实用性、可操作性，因此，编制应急预案，首先要根据“针对性、科学性、实用性、可操作性”要求，进行全面详细的策划。

应急策划的主要任务如下：

（1）危险辨识与风险评估

对企业内的所有危险源进行辨识，对潜在的事故类型进行分类，并从严重度与发生概率上进行风险评估。

（2）明确预案的对象

在风险评估的基础上，综合考察不可接受的重大风险，合理确定预案的对象。

（3）评估企业应急资源与应急能力现状

分析评估企业中应急救援力量和资源情况，明确可用的应急资源，为增加应急资源提供建设性意见。

（4）依法合规编制

在进行应急策划时，应当列出国家、地方相关的法律法规，作为制定预案和应急工作授权的依据。

3. 应急准备

能否成功地在应急救援中发挥作用，取决于应急准备的充分与否。应急准备是根据应急策划的结果，主要针对可能发生的应急事件，应当做好的各项准备工作。具体包括：

（1）明确应急组织及其职责权限；

（2）应急队伍的建设；

（3）应急人员的培训；

（4）应急物资的储备；

（5）应急装备的配备；

（6）信息网络的建立；

（7）应急预案的演练；

（8）公众应急知识培训；

（9）签订必要的互助协议等。

4. 应急响应

应急响应是在事故险情、事故发生状态下，在对事故情况进行分析评估的基础上，有关组织或人员按照应急预案所采取的应急救援行动。应急响应的主要任务包括：

（1）报警、接警与预警；

（2）指挥与控制；

（3）事态评估；

（4）警报和紧急公告；

（5）人员抢救；

（6）工程抢险；

（7）事态随机监测与评估；

（8）警戒与治安；

（9）人群疏散与安置；

（10）医疗与卫生；

（11）公共关系等。

5. 应急恢复

当事故现场得以控制，环境符合有关标准，导致次生、衍生事故隐患消除后，为使生产、工作、生活和生态环境尽快恢复到正常状态，针对事故造成的设备损坏、厂房破坏、生产中断等后果，采取的设备更新、厂房维修、重新生产等措施。

6. 预案改进

为了保证应急预案的有效性、高效性，应急救援行动结束，应对应急预案从应急指挥、应急职责、救援方法、救援操作等方面进行全面评审，对错误项进行改正，对不合理项进行修正，对不足项进行完善。通过这些改进完善，使得预案更合理、更科学、更符合实际、更有可操作性，提高应急救援能力与效果。

第二节　生产经营单位应急预案体系

生产经营单位的应急预案体系主要由综合应急预案、专项应急预案和现场处置方案构成。生产经营单位应根据本单位组织管理体系、生产规模、危险源的性质以及可能发生的事故类型确定应急预案体系，并可根据本单位的实际情况，确定是否编制专项应急预案。

由于专项预案常分多级，因此，综合预案与专项预案一般情况下是相对的，具有双重性。即综合预案的专项预案，既是上一级预案——综合预案的专项预案，同时又是下一级预案——专项预案（一般而言，专项预案有多级）的综合预案。综合预案与专项预案相互关系示例如图 4-2 所示。

生产经营单位风险种类多、可能发生多种类型事故的，应当组织编制综合应急预案。综合应急预案应当规定应急组织机构及

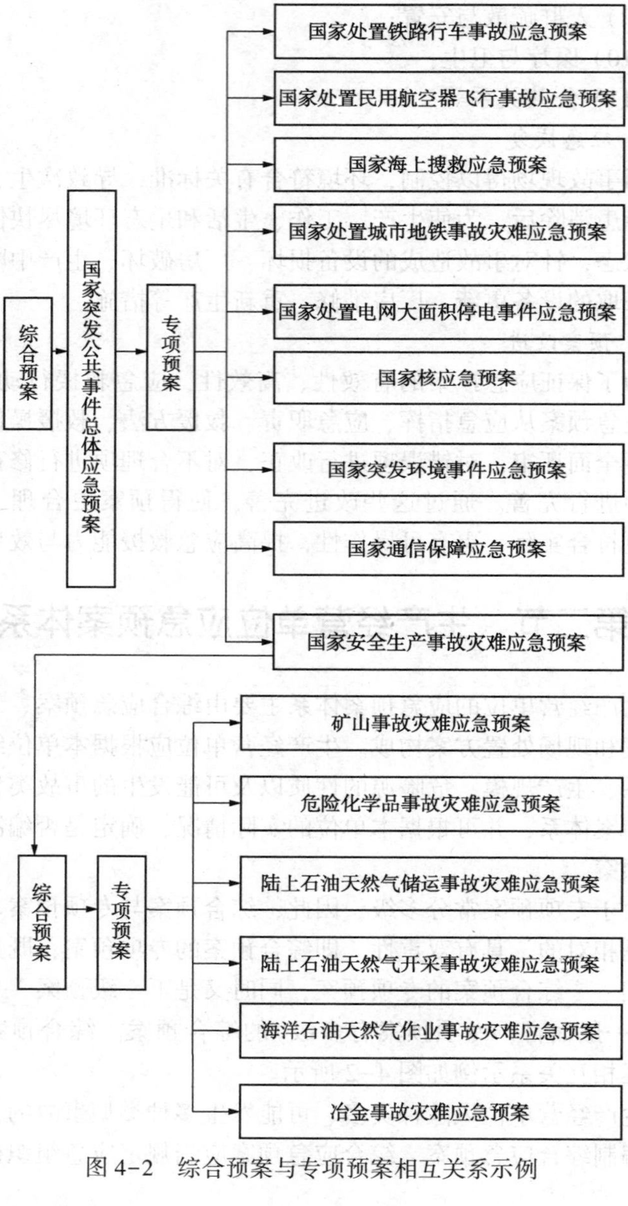

图 4-2 综合预案与专项预案相互关系示例

其职责、应急预案体系、事故风险描述、预警及信息报告、应急响应、保障措施、应急预案管理等内容。

对于某一种或者多种类型的事故风险，生产经营单位可以编制相应的专项应急预案或将专项应急预案并入综合应急预案。专项应急预案应当规定应急指挥机构与职责、处置程序和措施等内容。

对于危险性较大的场所、装置或者设施，生产经营单位应当编制现场处置方案。现场处置方案应当规定应急工作职责、应急处置措施和注意事项等内容。

事故风险单一、危险性小的生产经营单位，可以只编制现场处置方案。

第三节　应急预案的内容

一、综合应急预案主要内容

1. 总则

(1) 编制目的

简述应急预案编制的目的。

(2) 编制依据

简述应急预案编制所依据的法律、法规、规章、标准和规范性文件以及相关应急预案等。

(3) 适用范围

说明应急预案适用的工作范围和事故类型、级别。

(4) 应急预案体系

说明生产经营单位应急预案体系的构成情况，可用框图形式表述。

(5) 应急工作原则

说明生产经营单位应急工作的原则，内容应简明扼要、明确具体。

2. 事故风险描述

简述生产经营单位存在或可能发生的事故风险种类、发生的可能性以及严重程度及影响范围等。

3. 应急组织机构及职责

明确生产经营单位的应急组织形式及组成单位或人员，可用结构图的形式表示，明确构成部门的职责。应急组织机构根据事故类型和应急工作需要，可设置相应的应急工作小组，并明确各小组的工作任务及职责。

4. 预警及信息报告

（1）预警

根据生产经营单位监测监控系统数据变化状况、事故险情紧急程度和发展势态或有关部门提供的预警信息进行预警，明确预警的条件、方式、方法和信息发布的程序。

（2）信息报告

按照有关规定，明确事故及事故险情信息报告程序，主要包括：

① 信息接收与通报

明确24h应急值守电话、事故信息接收、通报程序和责任人。

② 信息上报

明确事故发生后向上级主管部门或单位报告事故信息的流程、内容、时限和责任人。

③ 信息传递

明确事故发生后向本单位以外的有关部门或单位通报事故信息的方法、程序和责任人。

5. 应急响应

（1）响应分级

针对事故危害程度、影响范围和生产经营单位控制事态的能力，对事故应急响应进行分级，明确分级响应的基本原则。

（2）响应程序

根据事故级别和发展态势，描述应急指挥机构启动、应急资源调配、应急救援、扩大应急等响应程序。

（3）处置措施

针对可能发生的事故风险、事故危害程度和影响范围，制定相应的应急处置措施，明确处置原则和具体要求。

（4）应急结束

明确现场应急响应结束的基本条件和要求。

6. 信息公开

明确向有关新闻媒体、社会公众通报事故信息的部门、负责人和程序以及通报原则。

7. 后期处置

主要明确污染物处理、生产秩序恢复、医疗救治、人员安置、善后赔偿、应急救援评估等内容。

8. 保障措施

（1）通信与信息保障

明确与可为本单位提供应急保障的相关单位或人员通信联系方式和方法，并提供备用方案。同时，建立信息通信系统及维护方案，确保应急期间信息通畅。

（2）应急队伍保障

明确应急响应的人力资源，包括应急专家、专业应急队伍、兼职应急队伍等。

（3）物资装备保障

明确生产经营单位的应急物资和装备的类型、数量、性能、存放位置、运输及使用条件、管理责任人及其联系方式等内容。

（4）其他保障

根据应急工作需求而确定的其他相关保障措施（如：经费保障、交通运输保障、治安保障、技术保障、医疗保障、后勤保障等）。

9. 应急预案管理

(1) 应急预案培训

明确对本单位人员开展的应急预案培训计划、方式和要求，使有关人员了解相关应急预案内容，熟悉应急职责、应急程序和现场处置方案。如果应急预案涉及社区和居民，要做好宣传教育和告知等工作。

(2) 应急预案演练

明确生产经营单位不同类型应急预案演练的形式、范围、频次、内容以及演练评估、总结等要求。

(3) 应急预案修订

明确应急预案修订的基本要求，并定期进行评审，实现可持续改进。

(4) 应急预案备案

明确应急预案的报备部门，并进行备案。

(5) 应急预案实施

明确应急预案实施的具体时间、负责制定与解释的部门。

二、专项应急预案主要内容

1. 事故风险分析

针对可能发生的事故风险，分析事故发生的可能性以及严重程度、影响范围等。

2. 应急指挥机构及职责

根据事故类型，明确应急指挥机构总指挥、副总指挥以及各成员单位或人员的具体职责。应急指挥机构可以设置相应的应急救援工作小组，明确各小组的工作任务及主要负责人职责。

3. 处置程序

明确事故及事故险情信息报告程序和内容，报告方式和责任人等内容。根据事故响应级别，具体描述事故接警报告和记录、应急指挥机构启动、应急指挥、资源调配、应急救援、扩大应急等应急响应程序。

4. 处置措施

针对可能发生的事故风险、事故危害程度和影响范围，制定相应的应急处置措施，明确处置原则和具体要求。

三、现场处置方案主要内容

1. 事故风险分析

主要包括：

① 事故类型；

② 事故发生的区域、地点或装置的名称；

③ 事故发生的可能时间、事故的危害严重程度及其影响范围；

④ 事故前可能出现的征兆；

⑤ 事故可能引发的次生、衍生事故。

2. 应急工作职责

根据现场工作岗位、组织形式及人员构成，明确各岗位人员的应急工作分工和职责。

3. 应急处置

主要包括以下内容：

① 事故应急处置程序。根据可能发生的事故及现场情况，明确事故报警、各项应急措施启动、应急救护人员的引导、事故扩大及同生产经营单位应急预案衔接的程序。

② 现场应急处置措施。针对可能发生的火灾、爆炸、危险化学品泄漏、坍塌、水患、机动车辆伤害等，从人员救护、工艺操作、事故控制，消防、现场恢复等方面制定明确的应急处置措施。

③ 明确报警负责人以及报警电话及上级管理部门、相关应急救援单位联络方式和联系人员，事故报告基本要求和内容。

4. 注意事项

主要包括：

① 佩戴个人防护器具方面的注意事项；

② 使用抢险救援器材方面的注意事项；

③ 采取救援对策或措施方面的注意事项；

④ 现场自救和互救注意事项；

⑤ 现场应急处置能力确认和人员安全防护等事项；

⑥ 应急救援结束后的注意事项；

⑦ 其他需要特别警示的事项。

四、附件

应急预案应根据实际情况附列必要的文件，如风险分析方法，重大危险源分布平面图，国家重点监管危险化学品、国家重点监管危险化工工艺及紧急处置措施，有关应急部门、机构或人员的联系方式，应急物资装备的名录或清单等。

第四节　应急预案编制

应急预案编制的基本程序包括应急预案策划、成立应急预案编制工作组、资料相关收集、进行危险源与风险分析、应急能力评估、预案具体编写、评审与发布等，如图 4-3 所示。

一、成立应急预案编制小组

应急预案，只有具有良好的针对性、科学性、实用性和可操作性，才能保证应急救援的成功进行，实现应急救援目标。由于应急预案的内容涉及诸多方面，包括工艺过程的风险辨识、设备维护管理及风险评价、作业场所环境、危险化学品、个体防护装备的选用、医疗救护、消防与治安等多个方面，应急预案的编制是一个复杂的过程，单靠几个人的努力是无法完成的。必须成立

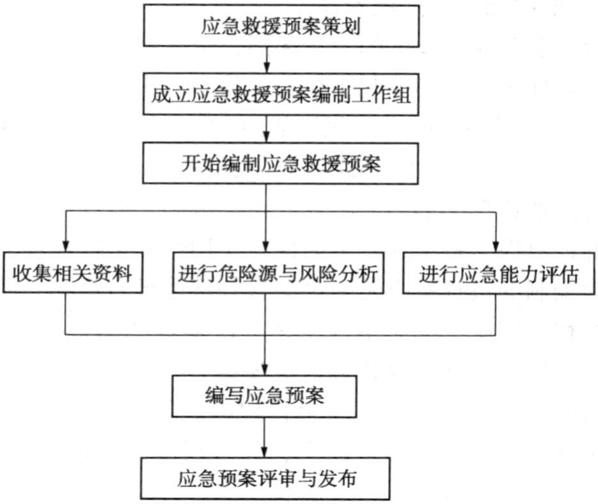

图 4-3 应急预案编制的基本程序

应急预案编制小组，并由有相当话语权能进行综合协调的领导担任负责人，以便调用各方力量，保证编制小组的建立、资料的搜集、资源的评估等方方面面难以保证或困难较大的工作能得到充保证。

由于企业的大小各异、体制不同，事故种类、风险大小也不同，因此，编制预案的繁简、难易不同，应急预案编制小组的组成、规模也有不同。对一般企业而言，成立编制小组的原则大致如下：

（一）高度重视，领导挂帅

首先要由本单位的主要负责人出任编制小组组长，最好由最高管理者、安全主管领导担任。这不仅体现领导对应急工作的重视，关键便于人员的抽调、编制经费的到位等各种资源的调配与保证。编制小组得到了高层管理者的授权和认可，就为顺利开展工作打下了基础。

（二）部门牵头，广泛参与

领导要明确应急预案的牵头部门，牵头部门直接按照领导的决策具体指导应急预案编制小组的工作。牵头部门，一般由应急专业部门(如应急办)或主要职能部门(如安全环保部)担任。

同时，要广泛发动相关部门、人员参与。在条件许可范围内，尽可能地让相关部门派出专人参与编制，有助于保证预案具有良好的针对性、科学性、全面性、实用性和可操作性。

因为编制的过程本身是一个磨合和熟悉各自活动、明确各自责任的过程，因此，编制本身也是一次最好的培训。从此考虑，应让更多的领导、部门及相关人员参与。

参与人员，一般包括：高层管理者，各级管理人员，安全、调度、工程、设备、消防、保卫、人力资源、物资采购、财务、医疗等部门人员，各岗位工人以及其他人员。

（三）时间充裕，经费充足

应急预案是一项复杂工程，从危险分析、评价，脆弱性分析、资源分析，到法律法规要求的符合性分析，从现场的生产过程到防护能力及演练，内容繁多，深度加工要求高。要编制一套应急预案，工作量大，涉及方面广，动用资源多，因此，必须有充裕的时间和充足的经费作保证，使参与人员能投入足够的时间和精力，使各项工作持续顺利地开展。如果没有充足的时间和经费作保证，就难以保证预案的编制质量。

（四）加强交流，广泛沟通

各部门必须及时沟通，互通信息，提高编制过程的透明度和水平。在编制过程中，经常会遇到一些问题，或是职责不明确，或是功能不全，有些在编制过程中由于不能及时沟通，导致出现功能和职责的重复、交叉或不明确等现象，降低了编制质量。

（五）专家支持，技术先进

应急预案涉及多个领域的内容，预案的编制不仅是一个文件化的过程，更重要的是，它依据的是客观实际情况对事前、事中、事后进行全过程的科学管控、处置。只有对于这些领域的情况有深入的了解，才能写出有针对性、科学性、实用性的内容。受知识、经验的局限，仅凭一个编制小组、一个企业，往往是无法全面认识事故的复杂演变及对事故的正确处置要领，这就必须充分获取专家学者、专题资料、前人经验、他人成果等组成的专家系统的技术支持。

对于企业来讲，首先要充分发挥本企业的资源，如企业的设备管理操作人员、工程技术人员、设计人员等，广泛听取他们的意见和建议，这对预案的合理、实用、可操作具有至关重要的作用。其次，聘请一些专业的应急咨询机构和评价人员，对风险水平较高、评价技术难度大的项目进行专业评价，同时，认真听取外部专家的意见和建议。

最后，要广泛搜集相关资料，把前人的经验、成果有机运用到编制的应急预案中，保证应急预案的程序科学、技术先进。

（六）编制小组人员要求

（1）在编制小组开始活动之前，应以书面形式或以企业下发文件的形式，明确指定各部门的参加人员，并得到本部门的认可。同时，应明确专家系统以及其他相关人员。

（2）编制小组人员应有一定的专业知识，应具有不同部门、不同专业的代表性。

（3）在大多数情况下，预案编制小组只有一两个人承担大量的工作，负责具体的文字编写和组织工作，在企业常常以安全主管部门或消防保卫部门的人员为主，专职编制，其他部门参与人员则是非固定，兼职来做，各自负责需要编写的部分。但是，编制过程中，应规定专门的时间进行集中讨论，以集思广益，提高编写质量。

二、授权、任务和进度

(一) 获得授权

由编制小组牵头部门，代表应急编制小组，编制预案编制计划及所需的各项保证措施，报小组负责人，经管理层讨论通过，最终获得最高管理者的明文授权。

(二) 发布任务书

小组负责人，根据领导授权发布任务书。任务书主要内容有：

(1) 编制应急预案的目的；

(2) 编制应急预案的原则；

(3) 编制应急预案的对象；

(4) 应急预案的功能目标；

(5) 编制应急预案的人员；

(6) 编制应急预案的进度；

(7) 编制应急预案的经费；

(8) 编制应急预案的要求。

(三) 预案编制进度与安排

1. 明确任务的优先顺序

要根据预案编制的基本步骤和企业危险特性及人员素质、相关资料、物力、财力等资源情况，将各项工作进行优化排序。

2. 编制工作时间进度表

根据工作优先顺序，编制各项工作的时间进度表。若情况发生变化，及时对时间进度进行修改。

3. 时间分配

时间分配可参考以下几个阶段进行：

(1) 人员培训

首先，对全员进行简单培训，宣贯基本知识，提高应急意识；其次，对编制小组的人员进行详细培训，主要培训知识包括应急基础知识、应急预案编制专业知识、授权任务书的内容等，做到方向明确，程序清楚，相关专业知识熟练掌握。

（2）资料收集

收集应急预案编制所需的各种资料，主要包括相关法律法规、应急预案、技术标准、国内外同行业事故案例分析、本单位技术资料等。

（3）初始评估

初始评估的主要内容，包括：危险识别、风险评估、资源评估、法律法规符合性分析等。

对于一些已开展安全评价、职业健康安全管理体系认证等基础比较好的企业，进行应急预案编制工作时，风险评估等项工作可作为参考。

（4）预案编制

预案编制，对于具有一定应急文本（不够规范，但体现了应急预案的主要内容，）一般可按照先编综合应急预案，再编专项应急预案、现场处置方案的程序进行。

对于应急文本资料严重不足的企业，先编写专项应急预案作为基础，再行编制综合预案、现场处置方案。因现场处置方案主要是针对装置、设备等工艺操作，受综合预案、专项预案的影响较小，先编后编皆可，只是后编从格式上、相关程序衔接上要做些调整，降低工作效率。

（5）预案评审与改进

预案编制完成，要请相关人员，特别是专家、领导等进行内外部评审，查找问题和不足。最好能创造条件，进行应急预案演练，以验证预案的针对性、科学性、实用性和可操作性。通过这些举措，使预案不断完善，具备发布的条件。

（6）预案发布

经过不断完善的预案，在通过评审以后，以文件形式发布实施。

三、资料收集

应急预案编制工作组应收集与预案编制工作相关的法律法规、技术标准、应急预案、国内外同行业企业事故资料，同时收集本单位安全生产相关技术资料、周边环境影响、应急资源等有关资料。

（一）收集资料的作用

资料收集，是编制应急预案的重要基础性工作。丰富的资料，将为下步预案的编制进度与质量提供重要保障。因此，应采用多种手段，通过多种渠道，尽可能地多收集相关资料。

（二）收集资料的种类

收集应急预案编制所需的各种资料，主要包括：

（1）关法律法规；

（2）相关技术标准；

（3）相关应急预案；

（4）国内外同行业事故案例分析；

（5）国内外同行业应急救援成败案例；

（6）国内外同行业应急救援经验与成果；

（7）单位安全操作规程、工艺流程等相关资料；

（8）单位总体规划图纸、装置设计图纸；

（9）周边地质、地形、周围环境、气象条件（风向、气温）、交通条件等环境资料；

（10）周边可利用的队伍、装备、设施、物资等应急资源；

（11）其他相关资料。

（三）资料收集的渠道和方法

资料收集的渠道和方法，主要有以下几种：

（1）到档案室、档案馆等进行档案资料查阅；

（2）到图书室、图书馆、书店等进行相关资料查阅；

（3）通过互联网进行网络搜索查阅；

（4）到相关咨询机构咨询；

（5）请教经验丰富的基层人员；

（6）请教经验丰富的相关专家。

四、风险评估

风险评估是应急预案编制的前置条件，是确保预案有的放矢、好用管用的根本基础。

风险评估，就是在危险因素辨识分析的基础上，确定本单位可能发生事故的类型和后果，判定事故可能产生的次生、衍生事故概率和后果，形成分析报告，分析结果作为应急预案的编制依据。

没有进行过危险源与风险分析的企业，首先要做好以下工作：

（一）明确风险分析的目的

制定应急预案主要是针对可能发生的重特大事故，导致严重后果的一些事件，来采取相应的应急措施。要了解企业可能导致重大事故的情况，首先要对这些情况进行分析，进而提出有针对性的措施。

（二）风险评估的内容

主要内容包括：

（1）分析生产经营单位存在的危险因素，确定事故危险源；

（2）分析可能发生的事故类型及后果，并指出可能产生的次生、衍生事故；

（3）评估事故的危害程度和影响范围，提出风险防控措施。

（三）如何进行风险分析

具体分析，应按照国家相关标准、规范，采用安全检查表、火灾爆炸指数评价、预先危险分析、故障类型及危险分析等。

建立风险评价程序，使风险评估工作规范化。

(四) 如何在应急预案中应用风险评估结果

通过风险分析，运用所得到的结果，确定应急预案的救援对象。同时，要保证应急预案能满足以下3点：

(1) 最低事故发生率；

(2) 最低人员伤亡、经济损失、环境污染和社会不良影响；

(3) 最优化安全投资效益。

五、应急资源评估

应急救援所需要的组织机构、救援队伍、救援人员、物资装备、专家、信息等人力、物力、信息资源的统称。

应急资源既包括企业内部的应急资源，也包括企业外的，在评估时都要考虑到。具体评估时，可按照预案需求，分下列8类进行评估：

1. 人力资源

包括企业内外的应急指挥人员、专业队伍、专业人员、专家、社会人员等。

2. 应急物资储备

包括灭火剂、消防砂、编织袋、化学中和剂、清洗剂、食品、药品、吸油毡、雨具及工程抢险物资等。

3. 应急装备

包括消防车、灭火器、气体监测器、防化服、呼吸器、洗眼器、护耳器、报警器等。

4. 应急技术

根据事故特点，确定必需的救援技术，譬如对油罐泄漏着火、液化气体储罐泄漏着火、有毒气体泄漏等情形，必须有相应的救援技术作支撑。

5. 通信与信息

包括内部通信、外部通信、无线通信、卫星通信、局域网、专业网、互联网等。

6. 应急部门

包括企业内的应急、安全、调度、工程、生产、设备等部门，也包括政府应急救援、电力、气象、地震等相关部门。

7. 应急经费

应急经费，是否得到了文件化的明确与保障。应急经费，应包括应急预案编制、应急装备、应急物资、应急培训与演练、实际应急救援等各种费用。

8. 互助协议

与相关方是否签订互助协议。从当前实际看来，这一点，对于协同应对，具有非常重要的现实作用。

应急资源评估图如图 4-4 所示。

六、应急能力评估

企业应在全面调查和客观分析生产经营单位应急队伍、装备、物资等应急资源状况基础上，根据实际情况开展应急能力评估，并依据评估结果，完善应急保障措施。

应急能力评估工作应由应急编制小组中的专业人员进行，并与相关部门及重要岗位员工交流。

应急能力评估一般应包括如下内容：

（1）识别企业现有的风险，确定哪些是重大风险，对现有的或计划中的作业环境、作业组织中存在的重大危害和风险进行识别、预测和评价。

（2）确定现有的应急措施或计划，采取的应急措施是否能控制风险，确定企业在事故突发时的应急能力。

（3）找出现有适用的法律和法规，确定适用于企业和地方应急方面的相关法规。

（4）查阅相关资料，进一步找出问题与不足。

（5）结合本单位实际，提出加强应急能力建设的意见与建议。

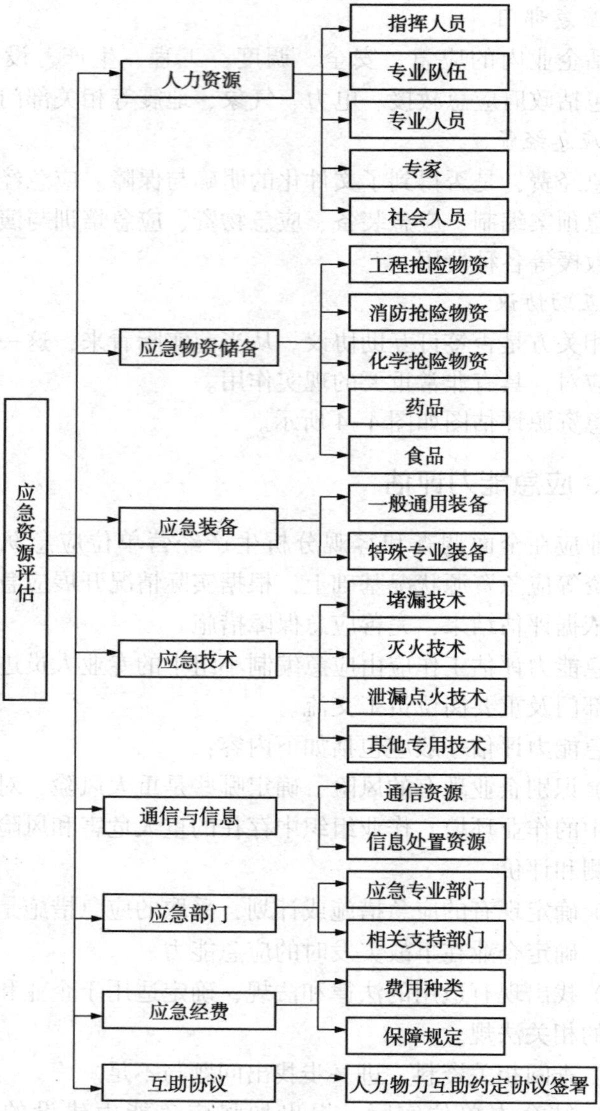
应急资源评估
人力资源
指挥人员
专业队伍
专业人员
专家
社会人员
应急物资储备
工程抢险物资
消防抢险物资
化学抢险物资
药品
食品
应急装备
一般通用装备
特殊专业装备
应急技术
堵漏技术
灭火技术
泄漏点火技术
其他专用技术
通信与信息
通信资源
信息处置资源
应急部门
应急专业部门
相关支持部门
应急经费
费用种类
保障规定
互助协议
人力物力互助约定协议签署

图 4-4　应急资源评估

（6）初始评估的结果应形成书面报告，作为应急预案编制的决策基础。

七、应急预案编写要求及步骤

针对可能发生的事故，按照有关规定和要求编制应急预案。应急预案编制过程中，应注重全体人员的参与和培训，使所有与事故有关人员均掌握危险源的危险性、应急处置方案和技能。应急预案应充分利用社会应急资源，与地方政府预案、上级主管单位以及相关部门的预案相衔接。

（一）编写基本要求

应急预案的编制应当符合下列基本要求：

（1）有关法律、法规、规章和标准的规定；

（2）本地区、本部门、本单位的安全生产实际情况；

（3）本地区、本部门、本单位的危险性分析情况；

（4）应急组织和人员的职责分工明确，并有具体的落实措施；

（5）有明确、具体的应急程序和处置措施，并与其应急能力相适应；

（6）有明确的应急保障措施，满足本地区、本部门、本单位的应急工作需要；

（7）应急预案基本要素齐全、完整，应急预案附件提供的信息准确；

（8）应急预案内容与相关应急预案相互衔接。

（二）编写基本过程

应急预案编写过程简要如下：

（1）确定应急对象；

（2）确定行动的优先顺序；

（3）按照任务书列出任务清单、工作人员清单和时间表；

（4）编写分工，按任务清单与工作人员清单，进行合理分工；

(5) 集体讨论，定期不定期组织讨论，发现问题，及时改进；

(6) 初稿完成，征求意见，初步评审；

(7) 创造条件，进行应急演练，对预案进行验证；

(8) 评审定稿。

八、应急预案评审与发布

危险化学品的生产、经营(带储存设施的)、储存企业，以及使用危险化学品达到国家规定数量的化工企业，烟花爆竹生产、批发经营企业和中型规模以上的其他生产经营单位，应当对本单位编制的应急预案进行评审，并形成书面评审纪要。其他生产经营单位应当对本单位编制的应急预案进行论证。

应急预案评审分为内部评审和外部评审，内部评审由生产经营单位主要负责人组织有关部门和人员进行。外部评审由生产经营单位组织外部有关专家和人员进行评审。与评审预案有利害关系的人员应予以回避。

生产经营单位的应急预案经评审或者论证后，由本单位主要负责人签署公布，并及时发放到本单位有关部门、岗位和相关应急救援队伍。

九、应急预案编制要点

编制一个好的应急预案，必须做好以下 9 个要点：

(一) 预案内容要“全面”

内容上，不仅要包括应急处置，还要包括预防预警、恢复重建；不仅要有应对措施，还要有组织体系、响应机制和保障手段。

(二) 预案内容要“准确”

预案务必切合实际、有针对性。要根据事件发生、发展、演变规律，针对本企业风险隐患的特点和薄弱环节，科学制订和实施应急预案。预案务必简明扼要、有可操作性。

一个大企业所有的预案文本，摞在一起是很厚的一大本，但具体到每一个岗位，一定要简洁明了，最多也就半页纸，甚至三五句话，能展示完整的响应程序和关键操作即可。

要把岗位预案做成活页纸，准确规定操作规程和动作要领，让每一名员工都能做到“看得懂、记得住、用得准”。

（三）预案内容要“适用”

预案内容要“适用”，也就是务必切合实际。应急预案的编制要以事故风险分析为前提。要结合本单位的行业类别、管理模式、生产规模、风险种类等实际情况，充分借鉴国际、国内同行业的事故经验教训，在充分调查、全面分析的基础上，确定本单位可能发生事故的危险因素，制定有针对性的救援方案，确保应急预案科学合理、切实可行。

（四）预案表述要“简明”

编制应急预案要本着“通俗易懂，便于操作”的原则。要抓住应急管理的工作流程、救援程序、处置方法等关键环节，制订出看得懂、记得住、用得上，真正管用的应急预案，坚决避免把应急预案编成只重形式不重实效、冗长繁琐、晦涩难懂的东西。应急预案是否简明易懂、可操作，还要广泛征求并认真听取专家和一线员工的意见。特别是现场处置方案必须高度简练，明确关键步骤。如球罐底部阀门在作业中损坏泄漏的应急操作：“一关”，立即关闭进料阀；“二注”，迅速打开注入阀；“三转”，向事故应急储罐转输。

（五）应急责任要“明晰”

明晰责任是应急预案的基本要求。要切实做到责任落实到岗，任务落实到人，流程牢记在心。只有这样，才能在一旦发生故事时实施有效、科学、有序的报告、救援、处置等程序，防止事故扩大或恶化，最大限度地降低事故造成的损失或危害。

（六）预案内容要“保鲜”

预案不是一成不变的，务必持续改进。要认真总结经验教训，根据作业条件、人员更替、外部环境等不断发展变化的实际情况，及时修订完善应急预案，实现动态管理。

预案不是孤立的，务必衔接配套。各级各类企业都要逐步建立健全应急预案报备管理制度，实现企业与政府、企业与关联单位、企业内部之间预案的有效衔接。

企业预案“保鲜”可以定期不定期地开展下列三项工作：

(1) 评审现有应急预案；

(2) 考察周边地区、企业的相关预案；

(3) 考察政府应急预案。

（七）应急预案要“衔接”

应急救援是一个复杂的系统工程，在一般情况下，要涉及企业上下、企业内外多个组织、多个部门。不可能完全确定的事故状态，使应急救援行动充满变数，在很多情况下必须寻求外部力量的支援。因此，无论企业还是政府，在编制预案时，必须按照“上下贯通、部门联动、地企衔接、协调有力”的原则，将所编应急预案从横向、纵向上与相关应急预案进行有机衔接。

1. 政府应急预案的衔接

首先，要在评审企业预案的基础上进行编制，在考察辖区企业应急预案的基础上，优选确定编制预案对象，并从程序上、具体操作上进行有机衔接。同时，要对部门应急预案、相邻地区的预案进行考察，从职责、内容到程序上实现有机衔接。特别是对于跨区域、跨部门联动，必须保证联动措施具体，且能保证联动的及时性、迅速性、可行性、有效性。

2. 企业应急预案的衔接

首先，企业上下的各项综合应急预案、专项应急预案、现场处置方案要进行充分沟通，从纵向上实现良好衔接。

其次，企业相关部门要对专项应急预案进行充分沟通，良好衔接，特别是从指挥职责、人力调用、物资调用、装备调用上，努力减少中间环节，以相互协作、快速有效地开展应急救援事先达成一致，将职责不清、推诿扯皮、程序繁杂等影响救援效率与效果的现象事先消除掉。

再次，企业的应急预案，要在评审所在地政府的应急预案的基础上，与其在职责、内容与程序上实现有机衔接。

3. 政府企业应急预案的相互衔接

由于政府企业的预案修订发布都是一个动态过程，因此，在实际工作中，要坚持动态考察的原则，不断加以改进，做到衔接良好。特别注意，不必考虑以谁为主，谁先谁后的问题，谁先制定，谁及时告知对方，后者则对双方的预案进行考察，把衔接问题处理好后，再将最新版预案告知，做到相互知晓。对于暴露出的问题，双方应及时沟通，协商解决，达成共识。

但是，由于企业是应急预案对象的主体，因此，企业要首先主动做好与地方政府衔接工作，确保企业应急预案与地方政府预案协调联动。

政府、企业预案的相互考察，是一个相互沟通、加强衔接、完善预案的动态过程。决不能出现政府以权力部门自居，既不主动与企业应急预案进行衔接，对企业要求衔接的举措，如企业要求政府相关领导、部门的联系电话，也不予支持。已经发生的应急救援行动事实证明，这种衔接不良的问题，极易延误联动时间，错失最佳的抢救时机，成为应急救援行动的硬伤。图 4-5 为预案相互衔接工作流程示意图。

（八）应急预案要“演练”

预案只是预想的作战方案，实际效果如何，还需要实践来验证。同时，熟练的应急技能也非一日可得。因此，必须对应急预案进行经常性演练，验证应急预案的适用性、有效性，发现问题，改进完善。这样可以不断提高预案的质量，而且，可以锻炼应急人员具有过硬的心理状态和熟练的操作技能。

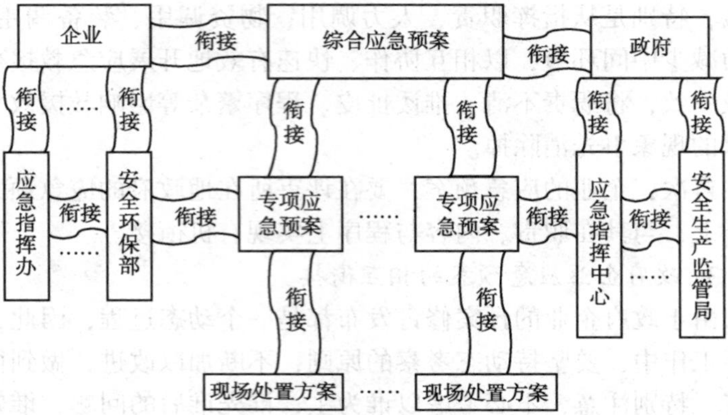

图 4-5　预案相互衔接工作流程示意图

(九) 预案改进要"持续"

要加强应急预案的培训、演练，通过培训和演练及时发现应急预案存在的问题和不足。同时，要根据安全生产形势和企业生产环境、技术条件、管理方式等实际变化，与时俱进，及时修订预案内容，确保应急预案的科学性和先进性。

十、应急预案"两张皮"现象原因与改进

(一) 应急预案"两张皮"现象原因

分析企业应急预案质量低下的原因，主要有以下三个方面。

1. 消极应付，不求所用，为编而编

企业编制应急预案是国家的法定要求，是危险化学品、烟花爆竹等高危企业办理安全许可的前置条件。很多企业为应付安全许可、上级检查的需要，被动地编制预案。以应付办证、检查"过关"为目的，不以应用为出发点，重有不重质，导致很多情况下编制出的预案只能称之为有预案，根本谈不上是好预案。预案不能用、不好用，与实际救援出现"两张皮"现象也就不足为怪了。同时，应该认识到，预案不能用、不好用，反过来进一步

削弱了管理者对预案的重视，从而形成预案不能用、不好用、继续应付编制的恶性循环。

2. 不会编制，简单模仿，生搬硬套

很多企业特别是民营企业，由于安全管理人员业务素质较低，不知道如何编制应急预案，甚至连预案编制的基本程序、框架要求都不掌握，只能找一些质量参差不齐的“范本”进行简单模仿，生搬硬套，预案质量自然不会高。这也是虽然国家在企业推行应急预案多年，企业预案编制率也几近百分之百，但应急预案依然不接地气，不能在实际救援中发挥作用的重要原因之一。

3. 编的不用，用的不编，编用脱节

预案编制涉及内容多、参与人员多、短时间难以完成，是一项系统复杂的工作。很多企业的安全管理人员业务素质低，不知如何编；或者虽然知道如何编，但日常工作量大，无暇顾及，除简单的生搬硬套，就只能请安全技术中介机构代为编制。这些专业技术机构对相关法规标准、规范掌握有余，但对企业生产实际了解不足，特别是对企业事故风险缺乏“体验”式了解，编制出的预案粗看结构完整、内容俱全、文字专业、装订漂亮；仔细阅读则行文繁冗、没有重点，内容都不错就是不实用。

（二）提高应急预案质量措施

要提升企业应急预案质量，必须把握应急预案实质，根据有关应急预案编制标准、规范，特别是密切结合实际，一切以实用、好用为出发点，在把握好前述 9 个应急预案编制要点的同时，要重点做好以下六方面工作。

1. 认识要到位，被动变主动

第一，要让企业最高管理者认识到位。最高管理者认识到位，才会提出正确的预案编制与管理要求。

第二，要让各级管理人员认识到位。管理人员认识到位，才会执行好预案编制的各项工作。

第三，要让基层操作人员认识到位。操作人员认识到预案对他们的切身好处，才会主动配合编制预案、使用预案、改进预案。

提高各级人员的认识，既要从应急预案的科学原理上晓之以理，更要注重运用典型案例动之以情，通过应急救援实战案例中预案有与无、好与坏的效果对比，用事实验证应急预案对于应急救援的保障作用，事实最有说服力。只要思想认识到位，行动就会变被动为主动，从“要我编”转为“我要编”，彻底消除消极应付、不求所用、为编而编的现象。

2. 程序不能乱，内容务必全

一是编制应急预案要遵循严格的程序。从成立编制小组、任务分工、搜集有关资料、制定编制依据、风险评估、应急资源分析、编制预案文本、专家论证评估、签署发布等程序不能乱，程序一乱，质量必降。譬如，如果没有进行系统的资料搜集，编制依据、风险评估等就会简单、片面，就无法编出高质量的预案。二是各个编制环节的内容不能省。譬如，要根据预案编制需求，对各种有关资料进行搜集，既要有法律法规、技术标准，也要有关联的应急预案；既要有本单位相关生产安全资料、周边环境影响、应急资源，也要有国内外同行业企业事故资料。无论哪种资料缺失，都会让预案的完整性、实用性大打折扣。

3. 质量要提高，基础须打牢

一是组织保障必须到位。要成立编制工作小组，由本单位有关负责人任组长，吸收与应急预案有关的职能部门和单位人员，以及有现场处置经验的人员参加。编制小组原则上应实行脱产或半脱产集中办公，这样有利于充分发挥集体的智慧，有利于统筹考虑，有利于提高编制的速度和质量。二是做好事故风险评估。通过风险评估，明确可能发生的事故类型，事故可能产生的后果，以及后果危害程度和影响范围，这样预案编制才会有的放矢，具有针对性、全面性。三是搞好应急资源调查。只有进行充分的应急资源调查，摸清本地区、本单位的应急资源底数与协调机制，才会对应急资源进行统筹考量，对内实现应急资源合理配置，对外实现应急资源共享。

4. 结构应完整，重点要突出

应急预案是一项系统工程，包括信息接报、预测预警、应急响应、指挥决策、处置措施、资源协调、动态监控、应急保障、恢复重建等诸多环节。因此，在内容架构上必须做到系统完整，不能出现疏漏。同时要突出重点，即抓住决定应急行动成败的关键所在。一是此前所述的风险评估、资源分析要到位。二是要突出自救互救，前期处置的原则。应对突发事件，争取时间就会事半功倍，早一秒就多一分主动。因此，预案的编制必须重心前移，突出自救互救、前期处置的最大化。决不能将用一具灭火器就可处理的事故因前期处置不到位扩大到动用消防车的程度。三是过程处置措施要系统考虑，特别是要延伸到防范次生、衍生事故环节。

5. 措施要实用，宁简不要繁

预案的核心是要根据不同的事故情形及发展趋势，及时采取相应的措施进行控制与消除。因此，所定措施不仅要科学、正确，而且要有良好的针对性、实用性，并以此实现高效性。譬如，对于油品泄漏火灾，用灭火器、消防车扑灭，从灭火原理上无可置疑，但最为实用的操作是断料。因此，油品泄漏火灾应急操作应首选断料，至少应与灭火同步展开。在很多企业，预案从综合预案到专项预案、现场处置方案，厚厚一大本，洋洋数万字，而真正有用的“干货”也就几千字，文本繁冗，令人望而生畏、生厌。一本高质量的预案必须体现实用原则，能简勿繁，譬如编制依据、风险评估的方法、过程等内容只是预案编制的支持性文件，在事件响应中没有用，可以作为编制资料附件存档备案，但不必在预案文本中出现。又如，对于内容简单的专项预案可以并入综合预案，对于内容简单的综合预案可以简化为专项预案，甚至现场处置方案。

6. 评估贯始终，持续抓提升

预案质量的提升永无止境，评估是提升预案质量的有效途径。应将评估贯穿预案编制实施的始终，以此实现预案质量的持续提升。

(1) 严格评审，源头把关

即对预案发布前的评审严格把关，保证质量。按照规定，危险化学品的生产、经营(带储存设施的)、储存企业，以及使用危险化学品达到国家规定数量的化工企业，烟花爆竹生产、批发经营企业和中型规模以上的其他生产经营单位，应当对本单位编制的应急预案进行评审，并形成书面评审纪要。除此之外的其他生产经营单位应当对本单位编制的应急预案进行论证。

预案评审，应从应急预案的科学性、完整性、准确性、合法性、适用性、衔接性、实用性和可读性等方面进行。

① 科学性

应急预案的科学性，主要体现在以下几个方面：一是危险辨识与评估方法科学。危险辨识与评估是应急救援的首要环节，是应急预案编制的龙头，如果这一环节工作方法不科学，就难以得出正确的结果，从而影响整个预案的编制质量。二是事故情形描述要科学。对于可能发生的事故情形，是一种假想描述，但这种假想描述却是应急行动的重要依据，因此，对于事故情形描述要科学。三是应急程序与处置措施科学。要根据应急救援的基本原理与生产实际制定科学的应急程序和应急处置措施，如果程序与具体操作措施错了，那救援就不可能成功。

② 完整性

应急预案内容应完整，包含实施应急响应行动所需的所有基本信息。应急预案的完整性主要体现在：一是任务要完整。应急预案中的接警与通知、指挥与控制、警报和紧急公告、通信、事态监测与评估、警戒与治安、人群疏散与安置、医疗与卫生、公共关系、应急人员安全、消防和抢险、泄漏物控制等应急任务要描述完整。二是过程要完整。应急管理一般可划分为应急预防、应急准备、应急响应阶段和应急恢复四个阶段，每一阶段的工作以前一阶段的工作为基础，目标是减轻辖区内紧急事故造成的冲击，把其影响降至最小，因此，要将每个过程描述完整。

③ 准确性

应急预案准确性指预案中所包含各类基本信息的准确性，基本信息的准确性主要体现在：一是通信信息准确。应急预案中有关通信系统和通信联络方式要与实相符，准确无误。二是职责描述准确。应急预案中应将承担应急任务的相关机构、部门、队伍、人员的职责准确无误地进行表述，既讲分工，更讲合作，不能职责不清，打乱仗。

④ 合法性

应急预案中的内容应符合国家相关法律、法规、国家标准的要求。

⑤ 适用性

各种应急预案之间，既有相同性，更有差异性，同时，同类预案也可能因外部作业条件的变化而需要调整，因此，必须针对各类事故进行适用性评审。

⑥ 衔接性

企业应急预案体系之间、政府应急预案体系之间、政府与企业应急预案之间均要从纵向、横向上做到有机衔接，配套运行。

⑦ 实用性

应急预案要具有实用性，即发生重大事故灾害时，有关应急组织、人员可以按照应急预案的规定迅速、有序、有效地开展应急与救援行动、降低事故损失。为确保应急预案实用、可操作，重大事故应急预案编制机构应充分分析、评估本地可能存在的重大危险及其后果，并结合自身应急资源、能力的实际，对应急过程的一些关键信息如潜在重大危险及后果分析、支持保障条件、决策、指挥与协调机制等进行详细而系统的描述。同时，各责任方应确保重大事故应急所需的人力、设施和设备、财政支持，以及其他必要资源。

⑧ 可读性

应急预案应当包含应急所需的所有基本信息，这些信息如组织不善可能会影响预案执行的有效性，因此预案中信息的组织应有利于使用获取的信息，具备相当的可读性。预案的可读性主要体现在：

a. 易于查询。应急预案中信息的组织方式应有利于使用者查询。

b. 通俗易懂。应急预案编写人员应使用规范语言表述预案内容，并尽可能使用诸如地图、曲线图、表格等多种信息表现形式，使所编制的应急预案语言简洁，通俗易懂。

c. 层次清晰，结构完整。应急预案应急应根据不同类型事故或灾害的特点和具体场所合理组织各类预案，做到层次清晰，结构完整。

(2) 定期评估

即建立应急预案定期评估制度，通过对预案内容的针对性和实用性进行分析，对应急预案是否需要修订作出结论。危险化学品领域应每 3 年进行一次应急预案评估。

(3) 动态评估

主要包括演练评估、实战评估及重要信息发生变化时的评估。应急预案演练、应急救援行动结束，应当对应急预案演练、救援效果进行评估，总结经验，剖析问题，对预案提出修订意见。另外，当国家有关法规标准、应急指挥机构、新增事故风险等重要信息发生变化时，也应及时对预案进行评估、修订。

总之，编制高质量预案是一项集思广益的系统工程，必须组织有力，严格程序，突出实用，科学编制。同时，预案没有最优，只有更优，预案的改进完善永无止境。必须将评估修订贯穿预案编制实施的始终，持续提升应急预案的质量，实现预案“从无到有”到“从有到优”“从优到精”的跨越，为事故救援的成功提供科学指导，为遏制重特大事故提供有力保障。

第五章 应急培训与演练

应急预案编制完成，并经评审发布后，即从理论上成为可以应用的应急救援的“作战方案”。具备了良好的应急救援“作战方案”，就为应急救援行动的成功提供了根本保障。但是，仅有良好的应急救援“作战方案”，并不能保证相关政府、企业、个人对突发重大险情、事故、事件进行有效响应。因为突发险情、事故，往往发展迅速，应急救援刻不容缓，不允许也不可能让指挥人员、应急处置人员现场拿着“应急预案”照本宣科，逐条对照操作。

应急人员只有对自己的应急职责及应急操作要求熟稔于心，才能面对突发危险，处变不惊，果敢行动，灵活应对，保障应急救援行动的有序、高效开展，实现应急救援的目标。如若不然，就可能手忙脚乱，死搬教条，打慢仗、慢打仗；打乱仗、乱打仗，结果只有一败涂地。

应急人员要职责清楚，操作熟练，灵活应对，正确处置，必须通过全面、系统、反复的应急培训，并在应急演练与实战中熟悉技能，积累经验，不断提高应急救援水平。因此，应急培训与演练，对于应急机构、人员灵活按照应急救援“作战方案”有序、有效行动，圆满实现应急救援目标，至为重要。

第一节 应急培训

一、应急培训目标

应急培训的目标主要如下：

（1）让领导干部重视应急救援工作，具备良好的应急意识，树立生命至上、安全第一的科学发展观，严格履行应急职责，切实把应急工作当作“生命工程”来抓。

（2）让应急指挥人员掌握应急救援的程序、资源的分布、重大危险源的处置，具备过硬的组织指挥能力。

（3）让专业应急人员掌握应急救援的程序和要领，具备良好的方案制定和现场处置能力。

（4）让一般应急人员掌握识别风险、规避风险和岗位应急处置能力，具备熟练的自救和互救技能。

（5）相关社会公众具备辨识基本风险和规避风险的能力。

（6）提高应急救援能力。应急救援各方能按照应急预案要求，协同应对，高效处置，从而最大程序地避免、减少人员伤亡、财产损失、生态破坏和不良社会影响。

二、应急培训对象

应急培训的对象，主要有以下几类：

1. 政府

（1）政府各级相关领导；

（2）政府各级相关部门人员。

2. 企业

（1）企业各级领导；

（2）企业专业应急救援人员；

（3）企业一般应急救援人员；

（4）企业其他人员；

（5）临时外来人员。

3. 专职应急队伍

（1）消防队伍；

（2）医疗卫生；

（3）危险化学品、电力等专业工程抢险队伍。

三、应急培训内容

应急培训的内容主要包括：

1. 应急意识教育

（1）应急救援工作的重要性；

（2）应急救援工作的迫切性；

（3）应急救援文化。

2. 应急法制教育

（1）法律基础知识；

（2）应急法律法规；

（3）企业应急预案、操作规程等规章制度。

3. 应急基础知识教育

（1）应急基本概念、术语；

（2）应急体系建设；

（3）危险因素辨识；

（4）危险源辨识；

（5）重大危险源辨识；

（6）应急预案作用；

（7）应急预案的构成及编制实施简要。

4. 专业技能教育

（1）相关危险化学品、电力、施工等安全专业知识；

（2）风险分析方法；

（3）应急预案编制；

（4）应急物资储备与使用；

（5）应急装备选择、使用与维护；

（6）应急预案评审与改进；

（7）应急预案实施。

四、应急培训方法

应急培训，要采取灵活多样，简单实用，效果明显的方法。常用方法如下：

（1）书本教育

编制通俗应急知识读本，全员发放，人手一册，以提高应急意识，传授基本应急知识。

（2）举办知识讲座

聘请外部专家对专业人员进行系统的专业知识教育或对某一专题进行讲解。

（3）企业内部办班

组织具备相当水平的企业内专业人员从上至下进行分层次的教育培训。

（4）案例教育

精选成败案例，结合企业实际，进行生动灵活的教育。

（5）电脑多媒体教育

利用幻灯片、Flash、三维动画模拟等电脑多媒体技术进行教育。

（6）模拟演练

对应急预案进行模拟演练。模拟演练与实战情景最接近，最能锻炼应急人员的心理素质、应急技能，对提高应急救援水平，最有效果，因此，这是一种必不可少的培训方法。

第二节　应急演练策划与实施

预案只是预想的作战方案，实际效果如何，还需要用实践来验证。《危险化学品重大危险源监督管理暂行规定》(国家安全生产监督管理总局令第 40 号)要求，危险化学品单位应当制定重大危险源事故应急预案演练计划，对重大危险源专项应急预案，每年至少进行一次；对重大危险源现场处置方案，每半年至少进行一次。应急预案演练结束后，危险化学品单位应当对应急预案演练效果进行评估，撰写应急预案演练评估报告，分析存在的问题，对应急预案提出修订意见，并及时修订完善。熟练的应急技能也不是一日可得，必须对应急预案进行经常性演练，验证应急预案的适用性、有效性，发现问题，改进完善。

预案是为了实战，完善的预案，最终还需要人来按照预案确定的原则、方针、响应程序及操作要求进行正确的执行，因此，有了完善的预案，还必须全面正确地得到贯彻执行。

熟能生巧，熟练操作才能高效。要实战成功，离不开平时的演练。演练搞得好，从中获取的宝贵经验，其价值不亚于用事故代价换来的教训。

演练不是演戏，要从实际出发、突出实战、注重实效，不能走过场、不能流于形式、不能为演练而演练。

演练形式可以多种多样，但都必须精心设计，周密组织。要针对演练中发现的问题，及时制定整改措施。

要真正通过演练，使应急管理工作和应急管理水平得到完善和提高，使应急人员具有过硬的心理素质和熟练的操作技能，真正达到检验预案、磨合机制、锻炼队伍、提高能力、实现目标的目的。

特别强调：演练是为了保障人的安全而进行的，因此，首先要保障演练人员的安全；演练是为保障财产安全而进行的，因此，也要保障装置、设备的安全；同时，演练需要投入人力、物力、财力，因此，要优选合理的演练方式，采用先进的手段，尽可能地降低演练的成本。

一、应急演练作用

1. 检验预案，完善准备

通过演练，验证应急预案的各部分或整体能否有效实施，能否满足即定事故情形的应急需要，发现应急预案中存在的问题，提高应急预案的科学性、实用性和可行性。具体包括：

（1）在应急预案投入实战前，事先发现预案方针、原则和程序的缺点；

（2）在应急预案投入实战前，事先发现采用的应急技术及现场操作方法的错误、不当之处；

（3）在应急预案投入实战前，辨识出缺乏的人力、物资、装备等资源；

（4）在应急预案投入实战前，事先发现应急责任的空白、不清、脱节之处，查找协同应对的薄弱环节等。

之后，根据发现的问题，完善应急组织、程序和措施，补充人员、装备、物资等，提高预案的科学性、实用性和可行性。

2. 锻炼队伍，提高素质

事故发生，只有反应迅速，正确、熟练操作，才能把控救援主动权。然而，突发的化工事故现场，往往爆炸震耳欲聋，火焰冲天而起，浓烟滚滚呛人。此情此景，恐慌、惧怕、逃避心理是人的正常心理反应，很容易出现反应迟钝、束手无策，动作变形、操作失误，无视危险勇往直前等现象，这都会导致救援行动的失败。

恐慌、惧怕、逃避心理是应急人员必须消除的心理反应；反应迟钝、束手无策、动作错误是应急人员大忌，而无视危险勇往直前，精神可嘉，实不可取，这种冒险的本能反应行为，在很多情况下会造成事故的恶化或扩大。

面对突发重大险情、事故，应急人员必须具有处变不惊、从容应对的心理素质，唯有如此，才能依照程序有序施救，高效救援。要具备这种过硬的心理素质和熟练的操作技能，既要有良好的应急意识、知识，对事故处置成竹在胸，更要经过现场模拟，熟悉现场气氛，提高心理素质，保证“动作”不变形。

要获得这种心理素质和操作技能，一是靠日常的专业知识学习，二是靠一次次的演练，强化、固化心理的正常反应。实践证明，演练实质还是以安全为前提的“假戏”，平时演练得很好，真正到了实战，还会出现心理不适、“动作”变形现象。经常演练尚且如此，不经常演练，结果就可想而知了。

3. 熟练预案，磨合机制

熟能生巧，操作熟练，行动就会高效。相关部门、单位和人员经常进行应急演练，就会熟悉预案，熟悉职责，熟悉程序，熟练操作，默契配合，对于突发异常，会随机应变，灵活处置，不断提高应急管理与应急救援水平。必须变“纸上谈兵”为“模拟演兵”，努力做到有备而战，随机应变，灵活应战，战则能胜。

4. 宣传教育，增强意识

每一次的应急演练，就是一堂生动的应急文化教育课。通过应急演练，一次次地激发、巩固全员应急意识，这种应急意识的形成，对于充分调动全员应急工作的主动性，包括获得领导对应急工作的支持，员工对应急工作的热爱，社会公众对应急工作的帮助与支持，具有不可低估的作用。

二、应急演练目的

上述应急演练的作用，从某种意义上讲，也是应急演练的直接目的，但并不是应急演练的最终目的，最终目的是要保证应急预案的成功实施，实现应急救援的预期目标。简而言之，应急演练目的如下：

（1）检验预案

用模拟方式对预案的各项内容进行检验，保证预案有针对性、科学性、实用性和可行性。

（2）锻炼队伍

通过有组织、有计划的接近实战的仿真演练，锻炼应急队伍，保证应急人员具有良好的应急素质和熟练的操作技能，充分满足应急工作实际需要。

(3) 提高水平

通过完善预案，提高队伍素质和应急各方协同应对能力，保证应急预案的顺利实施，提高应急救援实战水平。

(4) 实现目标

通过提高应急救援能力，圆满实现应急预期目标，最大限度地避免、减少人员伤亡、财产损失、生态破坏和不良社会影响。

三、应急演练原则

应急演练类型有多种，不同类型的应急演练虽有不同特点，但在策划演练内容，演练情景、演练频次、演练评估方法等方面，应遵循以下原则：

1. 领导重视，依法进行

首先，最高管理层要充分认识应急预演的重要作用和真正目的，端正思想，克服演练是“形式主义、没效益、白花钱”等错误思想，只有领导重视，应急演练工作才能得到根本保障。

同时，应急演练采用的形式、具体的操作，都必须依法进行。要特别避免事先不向周围公众告知，以致“事故突发”，居民惊慌失措，四处奔逃，正常生活被打乱，甚至出现人员伤亡、财产损失的情况。

2. 周密组织，安全第一

演练的根本目的，是要保障生命和财产免受伤害，应杜绝在演练中真“出事”，出现人员伤亡、影响生产的情形。

因此，对演练必须周密组织，坚持安全第一的原则，保证演练过程的每个环节都是实时可控的，即随时可以安全终止，充分保障人员生命安全、生产运行安全和周围公众的安全。

3. 结合实际，突出重点

要充分考虑企业、地域实际情况，分析应急工作中的薄弱环节，分析应急工作的重点作所在，找出需要重点解决、重点保障的内容进行演练。如果员工对应急预案的基本内容尚不熟悉，就要重点抓好以口头讲解为特点的桌面演练；如果应急人员对应急装备的使用存在问题，那就应该重点进行应急装备的重点演练；如果泄漏事故，是企业多发且可能造成重大事故的事故类型，那就应该把泄漏事故的应急演练作为重点首先演练好；等等。

4. 内容合理，讲究实效

应急预案是一项复杂的系统工程，从理论上讲，要演练的内容很多，甚至是无穷无尽的。因此，必须坚持内容合理，讲究实效的原则，确定哪些重要、关键、富有实质意义的内容，避免走过场，让演练流于形式的现象。

5. 优化方案，经济合理

演练需要投入人力、物力、财力，其中，以全面演练投入最大，在许多情况下，企业会出现“演练不起”的现象。演练有用，可演练若花费太大，也可能“吃掉”企业效益，成为企业经济运行的“绊脚石”，企业生产安全有了保障，企业经济发展却失去保障，也完全违背了应急演练通过保障生产安全促进经济发展的初衷。因此，应急演练，必须对演练方案进行充分优化，从演练类型选择、人力物力投入等方面，充分综合评价企业的安全需求与经济承受能力，选用最经济的方式，用最低的演练成本，达到演练的目的。要坚决避免大轰大嗡，求大求全求好看的现象。若此，不仅演练效果难好，而且对企业造成大量的经济损失，人为地阻碍了企业的强劲发展。

四、应急演练类型

应急演练按照演练内容分为综合演练和单项演练，按照演练形式分为实战演练和桌面演练，不同类型的演练可相互组合。

（一）按演练类型划分

1. 综合演练

综合演练是针对应急预案中多项或全部应急响应功能开展的演练活动。

综合演练包括报警、指挥决策、应急响应、现场处置和善后恢复等多个环节，参演人员涉及预案中全部或多个应急组织和人员。

综合演练一般持续几个小时，甚至更长。演练过程要求尽量真实，调用更多的应急响应人员和资源，并开展人员、设备及其他资源的实战性演练，以展示相互协调的应急响应能力。

综合演练，系统完整，更接近救援实际，暴露出的问题往往最能体现要害，获取的经验最有用，同时，投入的人力、财力、物力最多，往往是巨大的。因此，必须把预案演练评估作为一项非常重要的工作，全过程地抓好，以改正不足，总结经验，并努力节省投资，用最少的钱办最大的事。

2. 单项演练

单项演练是针对应急预案中某一项应急响应功能开展的演练活动。

演练形式包括重点区域的应急处置程序、应急设施设备的使用、事故信息处置和从业人员岗位应急职责掌握情况等，参演人员主要是相关程序的实际操作人员。

单项演练一般在应急指挥中心举行，并可同时开展现场演练，调用有限的应急设备，主要目的是针对不同的应急响应功能，检验相关应急人员及应急指挥协调机构的策划和响应能力。如应急通信功能演练，可假定在事故状态下，按照预案要求，模拟事态的逐级发展，进行不同人员、不同地域、不同通信工具能否满足实际要求。

专项演练比桌面演练规模要大，需动员更多的应急响应人员和组织，必要时，还可要求上级应急响应机构参与学习过程，为演练方案设计、协调和评估工作提供技术支持，因而协调工作的难度也随着更多应急响应组织的参与而增大。

（二）按演练形式划分

1. 桌面演练

桌面演练是利用工艺图纸、地图、计算机模拟和视频会议等辅助手段，针对设定的生产安全事故情景，口头推演应急决策及现场处置程序。桌面演练通常在室内完成。

桌面演练的主要特点是对演练情景进行口头推演，是“纸上谈兵”，一般是在会议室内举行非正式的活动，主要作用是在没有时间压力的情况下，演练人员检查和解决应急预案中问题的同时，获得一些建设性的讨论结合。

主要目的是在心情放松、心理压力较小的情况下，锻炼应急人员解决问题的能力，以及解决应急组织相互协作和职责划分的问题。桌面演练方法成本较低，主要用于为综合演练和专项演练做准备。

2. 实战演练

实战演练是选择(或模拟)生产经营活动中的设备、设施、装置或场所，真实展现设定的生产安全事故情景，根据预案程序及所用各类应急器材、装备、物资，实地行动，如实操作，完成真实应急响应的过程。

实战演练因为很可能严重影响正常的生产经营活动，演练演出真事故，因此，在实际生产装置区一般不采用。现在多是在模拟建设(一般利用报废生产装置)的生产装置以水作为运行物料条件下才会进行。对于一些低危险的单项操作，譬如，油料盆火，人员疏散等可以常用。

（三）预案类型选择

不同演练类型的最大差别在于演练的复杂程度和规模，所需评价人员的数量与演练规模、地方资源等状况。无论选择何种应急演练类型，应急演练方案必须适应企业、辖区重大事故应急管理的需求和资源条件。

同时，预案演练要充分考虑经济投入及对正常生产安全的影响，特别是全面演练，人力、物力投入大，不能轻易举行，必须对方案优化再优化的基础上进行，而且特别做好预演评估，最大限度地发掘演练的价值。

功能演练与全面演练，在很多情况下，都会对生产造成大小不一的影响，因此，要充分考虑对正常安全的影响，预想所有可能因应急预演带来的不安全因素，并制定相应的应对措施，确保生产正常运行。

五、应急演练策划

（一）确定应急指挥组织

根据不同类型的应急预演，启动相应的应急指挥组织。由确定的应急指挥组织，成立应急演练策划小组，应急演练策划小组，编制应急预演策划报告。

（二）演练策划报告内容

企业开展应急演练过程可划分为演练准备、演练实施和演练总结三个阶段。按照应急演练的三个阶段，演练策划报告应包括演练从准备、实施到总结的每一个程序及要求，主要内容如下：

1. 明确职责，分工具体

演练策划小组是演练的领导机构，是演练准备与实施的指挥部门，对演练实施全面控制，任务繁重。因此，演练策划小组人员的各自职责必须要明确，对工作进行具体分工，按照各自职责与分工，有序开展工作。

演练策划小组的主要职责与任务：

（1）确定演练类型、对象、情景设计、参演人员、目标、地点、时间等；

（2）协调各项应急资源的调配及参演各方关系；

（3）编制演练实施方案；

（4）检查和指导演练的准备与实施，解决准备与实施过程中所发生的重大问题；

（5）组织演练总结与评价。

策划小组要根据上述任务与职责进行人员分工，在较大规模的专项演练或全面演练时，策划小组内部可分设专业组，对各项工作的准备、实施与总结进行周密策划。

2. 确定演练类型和对象

根据企业实际，根据最需解决的问题、应急工作重点、演练各项投入等情况，确定合适的演练类型和演练对象。

3. 确定演练目标

演练策划小组根据演练类型和对象，制定具体的演练目标。演练目标，不能仅以成功处置"事故"这一正确但笼统的"目标"为目标，应将目标分解细化，要把队伍的调用、人员的操作、装备的使用、"事故"的处置、演练的评价等应达到的要求，均拟定具体的演练目标，这样更容易发现不足。

4. 确定演练和观摩人员

演练策划小组，要将参与演练的人员进行确定，满足演练与实战的需要。同时，确定相应的观摩人员。观摩人员不仅指领导，应尽可能地让更多的员工进行观摩。对于观摩者来说，既是技能教育，更是意识教育。因此，应充分发挥这一课堂的作用，只要"教室"足够大，就尽可能地招收更多的"学生"来学习。

5. 确定演练时间和地点

演练策划小组应与企业有关部门、应急组织和关键人员提前协商，并确定应急演练的时间和地点。

6. 编写演练方案

演练策划小组应根据演练类型、对象、目标、人员等情况，事先编制演练方案，对演练规模、参演单位和人员、演练对象、假想事故情景及其发展顺序及响应行动等事项进行总体设计。

7. 确定演练现场规则

演练策划小组应事先制定演练现场的规则，确保演练过程全程可控，确保演练人员的安全和正常的生产、周围公众的生活秩序不受影响。

8. 确定演练物资与装备

演练模拟场景有些是真实的，譬如用一个油盆点火，此时火是真火，只是规模上小一些，但要灭火就必用真灭火器来灭；譬如氯气泄漏，也可以搬一瓶氯气，打开阀门，进行真实演示，只是这种泄漏是可控的，拧上阀门即可控制，但是，这却需要真实的气体监测仪与专用的处理设备进行处理。对于这些物资、装备，必须事先全面考察确定，在满足安全的前提下，尽可能地做到真实。

9. 安排后勤工作

演练策划小组应事先完成演练通信、卫生、场地交通、现场指示和生活保障等后勤保障工作。

10. 应急演练评估

成立应急评估组织、培训相关人员、撰写应急评估报告。详见本章第三节"应急演练评估"。

11. 讲解演练方案与演练活动

演练策划小组负责人应在演练前分别向演练人员、评估人员、控制人员简要讲解演练日程、演练现场规则、演练方案、模拟事故等事项。

12. 演练实施

演练准备活动就绪，达到演练条件，演练开始。

13. 举行公开会议

演练结束后，演练策划小组负责人应邀请参演人员及观摩人员出席公开会议，解释如何通过演练检验企业应急能力，听取大家对应急预案的建议。

14. 汇报与讨论

评估小组尽快将初步评价报告策划小组，策划小组应尽快吸取评估人员对演练过程的观察与分析，确定演练结论，确定采取何种纠正措施。

15. 演练人员询问与求证

演练策划小组负责人应召集演练人员代表对演练过程进行自我评价，并对演练结果进行总结和解释，对评估小组的初步结论进行论证。

16. 通报错误、缺失及不足

演练结束后，演练策划小组负责人应通报本次演练中存在的错误、缺失及不足之处，并通报相应的改进措施。有关方面接到通报后，应在规定的期限内完成整改工作。

17. 编写演练总结报告

演练结束后，演练策划小组负责人应以演练评估报告为重要内容，向上级管理层提交演练报告。报告内容应包括本次演练的背景信息，演练方案、演练人员组织、演练目标、存在问题、整改措施及演练结论评价等。

18. 追踪问题整改

演练结束后，演练策划小组应追踪错误、缺失、不足等问题的改进措施落实执行情况，错误、缺失、不足等问题及时得到解决，避免在今后的工作中重犯。

演练小组按照上述要求完成演练策划报告后，应请相关部门、人员进行评审，认真倾听改进意见与建议，修改完善后，报最高管理者同意，方可施行。

除一些必须的公告信息外，策划报告对演练人员是保密的，以充分检验应急各方的能力与水平。

六、应急演练准备

演练策划报告完成后，即可按照演练策划报告的内容与要求，有序开展准备工作，准备充分，即可按期、按要求开展演练及总结工作。因此，演练策划报告，是演练的重要指导性与操作性兼具的文件，既要保证现场情景逼真，圆满实现演练目标，又要保障人员、生产、周围公众的安全，这就必须把模拟事故情景设计好。情景设计是演练的重要“剧本”，只有剧本好，才能排演好。

情景设计中，必须把假想事故的发生、发展过程，按照科学的原理，设计出一系列客观真实的相互因果、发展有序的情景事件，不能凭空臆想设计有违真实的场景；必须说明何时、何地、发生何种事故、被影响区域、气象条件等事项，即必须详细说明事故情景，便于参演人员理解对危险因素的辨识与风险评价；必须说明演练人员在演练中的一切应急行动，并将应急行动安全注意事项，在行动分解中，随时讲清。

情景设计过程中，策划小组应注意以下事项。

1. 安全第一

编写演练方案或设计事故情景时，应将演练参与人员、周围公众及生产的安全放在首位。演练方案和事故情景设计中应说明安全要求和原则，以防演练参与人员、公众的安全健康或生产、生活秩序受到危害。

2. 专家编写

负责编写演练方案或设计演练情景的人员，必须熟悉演练地点及周围各种有关情况。一般来说，应由本单位资深技术、管理两类专业人员参与此项工作。演练人员不得参与演练方案编写和演练情景的设计过程，确保演练方案和演练情景相对于演练人员是相对保密的。

3. 生动真实

设计演练情景时，应尽可能贴近实战。为增强演练情景的真实程度，策划小组可以对历史上发生过的真实事故进行研究，将其中一些信息纳入演练情景中。在演练中，尽可能地采用一些真实的道具或其他仿真度强的模拟材料，提高情景的真实性。

4. 进程可控

情景事件的时间进度应该可控，事情的发展可以与真实事故的时间进度相一致，也可以不一致。从理论上讲，两者相对一致是最理想的。但是，对于演练实际来讲，这几乎是不可能的，因为，演练的时间常常受限。因此，情景设计的事件进程，总体上应是可控的。

5. 气象条件

这是一个很难处理的问题，几乎永远不能与应急策划相吻合，即根据演练日期确定的演练时的气象条件，几乎不可能与情景设计的一样。因此，对气象条件，原则上就是使用演练当时的气象条件，至于应急响应行动，完全按预案的内容与要求来执行。

为了保证对气象条件的适应，可以针对气象条件开展诸多单项演练，以提高参演人员对各种气象条件的适应性。

6. 公众影响

情景设计时，应慎重考虑公众卷入的问题，避免引起公众恐慌。因为即便事先将演练场景告知公众，仍可能存在漏洞或出现新的变化。如要模拟一次气罐爆炸事故，假如事先已经向周围村庄、社区的公众进行告知，但是，由于人员流动性及有关人员理解力不同，仍可能在巨大的模拟声响之后，出现有人误以为发生地震、真爆炸等应激反应，仓皇出逃，引起混乱，甚至跳楼逃生，导致伤亡的事情。曾有居民对压力锅爆炸，误以为煤气爆炸，而跳楼摔伤的教训。

7. 制定演练“事故”预案

演练现场，会有许多真实的场景，如油盆火、氯气瓶，要用到电话、灭火器、气体监测仪等真实器材，在这些场景中，有可能发生意外的险情，造成真实的事故，并带来人员的伤亡。以下是一些事故处置中发生的真实案例。

【案例 1】某油田采油厂发生火灾，员工在用灭火器进行灭火时，灭火器因筒底腐蚀在使用中突然爆炸，灭火器瓶向上击中一女工鼻梁，造成鼻梁严重损伤，大脑受到影响。

【案例 2】某销售氯气捕消器的销售人员，到一企业进行产品销售，现场演示氯气捕消器的性能，该厂在生产区进行了氯气释放，并随时进行监测。该厂工人使用氯气捕消器进行紧急处置，本应出现的雾状捕消剂久久没有出来，出剂管却突然发生了爆炸，捕消器随之在空中乱飞。原来，使用人员没有拔开出剂管用于防止杂物进入堵塞管道的堵头，造成塑料出剂管憋压爆炸。一次现场产品演示，差点酿成一次大事故，教训应当认真吸取。

【案例3】某单位开展演练，总指挥正拿着手机从容若定地指挥，突然通信中断，原来手机没电了。演练中的意外“事故”、“故障”，更会闹出大笑话。

同时，还要充分考虑对实际生产经营活动的保障。演练现场在演练假“事故”，生产现场出了真“事故”，如果相关应急力量如消防队都来到了演练现场，那么，势必影响生产现场真实事故的抢救。

总之，必须对于应急预案演练中可能出现的意外情况，制定演练“事故”预案，对各种意外情况充分考虑，并制定相应的预案。

七、应急演练实施

有了完善的策划报告，做好了充分的应急准备，应急演练就可以实施了。

应急演练实施阶段是指从宣布初始事件起到演练结束的整个过程，虽然应急演练的类型、规模、持续时间、演练情景等有所不同，但演练过程中应包括如下基本内容。

1. 早期通报

对那些可能对社区、公共设施、公共场所、交通运输等造成不良影响的演练，要对相关人员、组织、单位进行通报，避免因演练而造成居民恐慌、生活秩序混乱及发生事故等。

2. 过程控制

演练活动负责人的作用主要是宣布演练开始和结束，以及解决演练过程中的矛盾。

演练过程中，参演应急组织和人员应尽可能按实际紧急事件发生时的响应要求进行演练，即“自由演示”，由参演应急组织和人员对情景事件作出响应行动。

控制人员的作用主要是向演练人员传递控制消息，提醒演练人员终止行动。

演练过程中参演应急组织和人员应遵守当地相关的法律法规和演练现场规则，确保演练安全进行。如果演练偏离正确方向，出现具有负面影响或超出演示范围的行动，应及时采取提醒、纠正、延迟或终止演练等措施。

第三节　应急演练评估

应急演练评估，是围绕应急演练目标和要求，对演练的准备、实施、结束进行全过程、全方位的跟踪考察，查找演练中暴露出的错误、不足和缺失之处，对演练效果作出判定，并举一反三，对有关应急工作提出改进意见和建议。

一、评估目的与作用

应急演练评估的目的，主要有以下几个方面：

（1）发现预案文本存在的问题和不足，考察应急预案的科学性、实用性和可操作性；

（2）有关人员的应急职能履行、技术操作、协调配合、设备设施运行等执行方面存在的问题和不足；

（3）判定应急救援行动成效也即完成程度如何，如成功、失败等；

（4）举一反三，对应急管理提出改进意见和建议。

通过演练评估，不仅能发现一些演练暴露出的表面问题，同时，通过集思广益，深入讨论，能发现一些深层次的问题，通过集体的智慧，最大限度地发掘演练的价值，为应急救援工作的改进提出系统全面的建议，对于应急工作的改进具有非常重要的作用。一次演练评价所得，其价值不逊于一次实战的经验所得，对于提高应急救援实战水平都具有重要的作用。

二、评估内容

应急演练评估的内容是全过程、全方位的，主要包括：

（1）人员行动情况，包括是否履行救援操作、任务，完成程度如何，效果如何；

（2）组织协调联动机制是否按照既定要求建立运行，效果如何；

（3）应急装备、设施运行情况，是否完好，效果如何；

（4）组织、人员、队伍、装备、设施、技术、措施等方面存在的各种问题；

（5）改进意见和建议。

三、评估依据

演练评估主要依据，包括有关应急法律、法规、标准及有关规定和要求，演练涉及的相关应急预案和演练文件，相关技术标准、操作规程、应急救援典型案例等文献，有关专家救援工作经验。

四、评估程序

评估程序可分成评估准备、评估实施和评估总结三个步骤。

评估准备，主要是前期演练评估策划，包括成立评估小组、人员培训、有关评估文件制作等。

评估实施，是与应急演练行动同步启动，对需要评估的内容进行全过程、全方位跟踪考察、记录、分析。

评估总结，对评估内容进行全面分析，分析存在的各种不足和问题，判定应急演练成效，对有关应急工作提出改进意见和建议。

五、评估准备

1. 成立评估小组

评估小组，可由本单位有应急演练与评估的人员组成，最好由本单位及外部专家共同组成，并由外部具有较高专业水平的人员担任评估小组组长，保证评估客观真实。评估人员应诚实守信，思维敏捷，具备良好的思想品质，丰富的专业知识，较好的语言、文字表达能力和组织协调能力。

评估人员数量根据应急演练规模和类型合理选定，不可过少，也不必过多。

2. 评估小组任务确定

由演练策划小组将演练的类型、对象、目标、时间等相关资料提交给评估小组。评估小组要明确评价人员各自职责与分工，明确评价方法，编制评估工作方案。

3. 培训评估人员

评估人员了解演练日程、演练现场规则、演练方案、模拟事故等事项，掌握应急预案和执行程序，熟悉应急演练评估方法。

评估方法优选表格打分法，即把要评估的内容设计成表格，对每项评估内容即有问题记录，并进行量化打分，对重大、关键内容应设否决项。

六、评估实施

1. 记录应急组织演练表现

演练过程中，评估人员记录并收集演练情况。应根据需要采用计时设备、摄像或录音设备等现代辅助手段，以便事后回放、研判分析。

2. 访谈演练参与人员

演练结束后，评估人员应立即有目的地多访谈演练人员，咨询演练人员对演练过程的意见和建议，特别是询问问题与不足。

3. 编写初步评估报告

演练结束，如要立即召开演练总结会，评估小组应尽快形成演练效果初步评估报告。列出重大问题，指出明显成绩，做出演练总体成功、基本成功、基本失败、失败等初步结论。

4. 汇报、讨论与评定

评估小组尽快将初步评价报告策划小组，策划小组应尽快吸取评估人员对演练过程的观察与分析，确定演练效果评估结论，确定采取何种纠正措施。一般来讲，评估结论可分为以下 4 个等级：

（1）总体成功

演练总体按照演练策划方案顺利进行，虽有策划不周，操作不妥等不足之处，但没有明显的缺陷，圆满实现了既定的演练目标。

（2）基本成功

演练总体按照演练策划方案进行，既定的演练目标基本实现，但出现较大缺陷和不足。

（3）基本失败

演练基本按照演练策划方案进行，但是，个别重要演练目标没有实现。

（4）失败

在演练过程中，出现重大错误、不足或缺陷，并导致既定的演练目标总体没有实现，甚至发生了不应发生的人员伤亡。正常生产受到严重影响，周围公众生活受到损害等事故。

七、评估报告编制、发布与整改

1. 编写书面评估报告

根据演练现场观察和记录，依据制定的评估表，逐项对演练内容进行评估，及时记录评估结果。演练结束后，评估人员从组织、实施、问题、不足、经验、教训、结论与改进建议等方面，对预案演练给出书面评估报告。评估报告主要内容应包括：

（1）演练基本情况。演练的组织及承办单位、演练形式、事故情景、主要应急行动等。

（2）演练评估过程。演练评估工作的组织实施过程和主要工作安排。

（3）存在问题分析。依据演练评估表格的评估记录，从演练的准备及组织实施情况、参演人员表现等方面对演练存在的问题进行全面分析。

（4）评估结论。对演练成效判定结果及理由。

（5）改进意见和建议。针对演练评估中发现的问题提出改进意见和建议。

2. 演练评估报告发布

评估报告应报演练总指挥审核同意，并向所有参演人员及本单位其他人员公示，与其他演练文件资料一并存档。

3. 整改落实

演练组织单位应根据评估报告中提出的问题和不足，制定整改方案，跟踪整改落实。

八、应急演练评估特别注意事项

应急演练评估应特别注意做好如下几项工作。

1. 明确分工，职责具体

演练评估小组人员分工要明确，职责要具体。

2. 相互独立，公正评价

演练评估应由外部专家参与并由外部具有较高专业水平的人员担任评估小组组长，尽量体现第三方公开公正评价。

如果评估小组全由内部人员担当，那么内部人员既当教练员，又当裁判员，碍于情面，出现评估只说好不说坏，“扬长避短”的现象，评估工作失实，对演练工作不仅无益，反而有害。

3. 细化评估结论标准

演练评估结论标准要细化，有可操作性。评估结论，既是对应急演练效果的评价，也是对有关应急工作者工作质量的评价，因此，必须根据科学合理的原则，事先共同制定明确具体的标准，并得到管理者的明文认可。事前说明，就会消除事后矛盾。如果仅凭笔者上述的概念性评价，不结合实际，制定具体可操作的条款，评估结论就不会发挥改进工作的指导作用，反而会引发不必要的工作矛盾。

4. 评估分析要深入

评估报告既要评价直接发现的问题、获得的经验，更要采用头脑风暴法，举一反三，深入剖析，找出深层次的问题，探讨更具价值的经验，完善预案，提高应急能力。要让一次演练变成两次、三次、十次演练，最大限度地发掘每一次应急演练的价值。

第六章　应急预案管理

应急预案是应急救援行动的指南性文件，是救援行动的“作战方案”，是应急救援成功的根本保障。为保证应急预案体系的全面性，保证应急预案的科学性、有效性和与实际情况的符合性，必须从政府、企业两个层面，加强对预案实施有效的管理，保障安全生产事故应急救援工作高效、有序进行，减少人员伤亡、财产损失、生态破坏和社会影响。提高预案质量，保障高效实施，推进生产安全事故救援能力不断提升。

2009 年，国家安全监管总局公布《生产安全事故应急预案管理办法》(以下简称《办法》)。经过多年应用，该《办法》已不能完全适应新势的需要。2016 年，国家安全监管总局对《办法》进行了修订公布(详见附件 2)。此次修订，调整幅度很大，生产经营单位应认真学习领会这些新内容、新要求、新特点，并严格贯彻执行，切实提高预案质量，保障高效实施，推动事故救援能力提升，遏制重特大事故发生。

第一节　应急预案重点要求

一、强化预案编制总要求

1. 提出预案编制总要求

新《办法》对应急预案的编制提出了总要求，即应急预案的编制应当遵循以人为本、依法依规、符合实际、注重实效的原则，以应急处置为核心，明确应急职责、规范应急程序、细化保障措施。

该要求虽然简短，但是内涵丰富，对于提高预案编制质量具有重要指导作用。应特别注意把握“符合实际”“以应急处置为核心”“明确应急职责”“规范应急程序”等要求，保障预案的针对性、实用性与可操作性。

2. 规范预案编制程序

在旧《办法》有关预案编制程序要求的基础上，新《办法》做出两点新要求：

一是明确要求成立编制应急预案应当成立编制工作小组。应急预案编制工作小组，由本单位有关负责人任组长，吸收与应急预案有关的职能部门和单位的人员，以及有现场处置经验的人员参加。

二是特别强调在编制应急预案前，编制单位应当进行事故风险评估和应急资源调查。事故风险评估是编制应急预案的根本前提和重要基础，只有通过风险评估，明确可能发生的事故类型，事故可能产生的后果，以及后果危害程度和影响范围，预案编制才会有的放矢，具有针对性、全面性。如不进行事故风险评估，仅凭主观想象和经验判断，诸多应急情形就会考虑不全，应急处置措施就会通用性有余、针对性不足，自然无法满足实战需要。

应急资源调查同样是预案编制的重要基础，只有进行充分的应急资源调查，摸清本地区、本单位的应急资源底数与协调机制，才会对应急资源进行统筹考量，对内实现应急资源合理配置，对外实现应急资源共享。

二、预案编制应突出先期处置

突出先期处置，是新《办法》对于生产经营单位应急预案编制的一个新要求，具体体现在以下 3 个方面：

1. 明确突出自救互救和先期处置要求

新《办法》在旧《办法》要求“生产经营单位应当根据有关法律、法规、规章和相关标准，结合本单位组织管理体系、生产规模和可能发生的事故特点，确立本单位的应急预案体系，编制相应的应急预案”的基础上，新增“体现自救互救和先期处置等特点”的要求。

2. 变更编制现场处置方案的场所范围

旧《办法》只要求生产经营单位对危险性较大的重点岗位制定现场处置方案。而新《办法》则对需要编制现场处置方案的场所范围规定得更具体，要求对危险性较大的场所、装置或者设施，都应当编制现场处置方案。在生产实际中，特别是随着自动化程度的提高，一个岗位可能要负责诸多场所、装置或者设施的管理，而如果以岗位为基本单位编制现场处置方案，岗位处置方案就会有失处置措施的具体化与第一时间进行应急处置的高效性。这一变化，会促进先期处置效率的提高。

3. 编制应急处置卡

新《办法》要求：“生产经营单位应当在编制应急预案的基础上，针对工作场所、岗位的特点，编制简明、实用、有效的应急处置卡。应急处置卡应当规定重点岗位、人员的应急处置程序和措施，以及相关联络人员和联系方式，便于从业人员携带”。这是保障先期处置顺利进行的重要举措。

三、应急预案简化“瘦身”

旧《办法》对生产经营单位应急预案种类，按照综合应急预案、专项应急预案、现场处置方案三个层级进行要求，即对风险种类多、可能发生多种事故类型的，应当编制综合应急预案，在此基础上，对于某一种类的风险延伸编制相应的专项应急预案、对危险性较大的重点岗位编制现场处置方案。总体而言，各生产经营单位的应急预案都要包含这三个层级。从实践来看，由于诸多生产经营单位规模小，风险种类少，若严格按照这三个层级来编制，会出现内容重复、形式重过内容的现象。

对此，新《办法》从实际出发，做出了因地制宜、灵活设置层级、简化“瘦身”的新要求。一是对于某一种或者多种类型的事故风险，生产经营单位可以编制相应的专项应急预案，也可以将专项应急预案并入综合应急预案。将专项应急预案并入综合应急预案，对于专项预案内容比较简单的情形很适用。二是事故风险单一、危险性小的生产经营单位，可以只编制现场处置方案。通过这两项要求，如果运用得当，可以大大简化预案文本取得大幅“瘦身”、形式内容有机统一的效果。

第二节 应急预案评审、公布、培训与修订

一、应急预案评审、公布、备案

新《办法》遵循简政放权、务实高效执政理念，对应急预案的评审、公布、备案做出了诸多重大调整，总体体现了国家简政放权、务实高效的执行理念。

1. 应急评审的范围有所调整

虽然应急评审继续不搞“一刀切”，仍然视情进行评审、论证两种方式，但是需要评审的范围进行了较大调整。旧《办法》规定需要预案评审的企业是范围：“矿山、建筑施工单位和易燃易爆物品、危险化学品、放射性物品等危险物品的生产、经营、储存、使用单位和中型规模以上的其他生产经营单位”。新《办法》则调整为：“矿山、金属冶炼、建筑施工企业和易燃易爆物品、危险化学品的生产、经营(带储存设施的，下同)、储存企业，以及使用危险化学品达到国家规定数量的化工企业、烟花爆竹生产、批发经营企业和中型规模以上的其他生产经营单位”。

2. 应急预案不能悬空，要“落地”

旧《办法》在要求生产经营单位的应急预案经评审或者论证后，由本单位主要负责人签署公布后，未再做进一步落实要求，造成诸多预案文本只发放至有关领导、部门的“悬空”现象。新《办法》要求，必须将预案及时发放到本单位有关部门、岗位和相关应急救援队伍。同时，对事故风险可能影响周边其他单位、人员的，要求生产经营单位应当将有关事故风险的性质、影响范围和应急防范措施告知周边的其他单位和人员。这两点要求，将有力改变当前应急预案悬在空中不落地的现象。

3. 精简政府部门预案报备部门与程序

对地方各级安全生产监督管理部门的应急预案，旧《办法》要求应当报同级人民政府和上一级安全生产监督管理部门备案。新《办法》作出变化，要求报同级人民政府备案，同时抄送上一级安全生产监督管理部门。

4. 对生产经营单位提出告知性备案部门与时间限制

新《办法》要求，生产经营单位应当在应急预案公布之日起20个工作日内，按照分级属地原则，向安全生产监督管理部门和有关部门进行告知性备案。

5. 精简生产经营单位应急预案报备部门

旧《办法》要求，中央企业总部的应急预案要到国务院国有资产监督管理部门、国务院安全生产监督管理部门和国务院有关主管部门等多个部门备案；其所属单位的应急预案分别抄送所在地的省、自治区、直辖市或者设区的市人民政府安全生产监督管理部门和有关主管部门备案。

新《办法》对此做出重大调整，备案部门大大减少，即中央企业总部(上市公司)的应急预案，报国务院主管的负有安全生产监督管理职责的部门备案，并抄送原国家安全生产监督管理总局；其所属单位的应急预案报所在地的省、自治区、直辖市或者设区的市级人民政府主管的负有安全生产监督管理职责的部门备案，并抄送同级安全生产监督管理部门。

6. 增加生产经营单位应急预案备案材料

生产经营单位申报应急预案备案，应当提交的材料，旧《办法》列出了3项：一是应急预案备案申报表；二是应急预案评审或者论证意见；三是应急预案文本及电子文档。新《办法》新增一项——风险评估结果和应急资源调查清单。

7. 设定受理备案登记部门审查时间限制

对于受理备案登记时间，旧《办法》未做要求。新《办法》增加了受理备案登记的时间限制，即受理备案登记的负有安全生产监督管理职责的部门应当在5个工作日内对应急预案材料进行核对，材料齐全的，应当予以备案并出具应急预案备案登记表；材料不齐全的，不予备案并一次性告知需要补齐的材料。逾期不予备案又不说明理由的，视为已经备案。此条要求，将有效提高备案效率，减轻企业负担。

二、立足科学强化宣传教育

新《办法》对应急预案的培训从诸多方面进行了强化。

1. 扩大宣传教育对象范围

旧《办法》要求，各级安全生产监督管理部门、生产经营单位应当采取多种形式开展应急预案的宣传教育，普及生产安全事故预防、避险、自救和互救知识，提高从业人员安全意识和应急处置技能。

新《办法》不仅要求对从业人员，对社会公众也要进行相应的宣传教育，同步提高他们的安全意识与应急处置技能。

2. 应急预案关联知识纳入培训范围

旧《办法》只要求生产经营单位应当组织开展本单位的应急预案培训活动，使有关人员了解应急预案内容，熟悉应急职责、应急程序和岗位应急处置方案。新《办法》则在应急预案之外，另将应急相关知识纳入培训范围，提出了新要求："生产经营单位应当组织开展本单位的应急预案、应急知识、自救互救和避险逃生技能的培训活动，使有关人员了解应急预案内容，熟悉应急职责、应急处置程序和措施”。应急培训内容的扩容，对于活学活用预案将起到有力的促进作用。

3. 应急处置方案从“看墙学”到“随身学”

旧《办法》要求，应急预案的要点和程序应当张贴在应急地点和应急指挥场所，并设有明显的标志。这本是便于员工日常学习的一种方式。但是，在实践过程中，这种张贴式做法，容易出现字体小、日久字迹褪色等看不清，出现修订更换费事、费钱等不足。

新《办法》对此举进行了取消，要求编制简明、实用、有效的应急处置卡，便于从业人员携带。这种从“看墙学”到“随身学”的转变，是源于实践的行之有效的好做法，会更有实效。

4. 规范应急培训档案管理

新《办法》对应急培训档案管理进行了规范，要求应急培训的时间、地点、内容、师资、参加人员和考核结果等情况应当如实记入本单位的安全生产教育和培训档案。规范档案管理，对于循序渐进，持续提高应急培训的质量具有重要的保障作用。

三、定期评估，按需修订

1. 改革预案修订双轨制，建立预案定期评估制

旧《办法》对于预案修订采用的是定性、定量双轨制，即对地方各级安全生产监管部门制定的应急预案修订实行定性制，即根据预案演练、机构变化等情况适时修订。而对生产经营单位制定的应急预案修订则实行定量制，即至少每 3 年修订一次。

新《办法》对预案修订进行了重大制度改革，明确要求建立应急预案定期评估制度，通过对预案内容的针对性和实用性进行分析，对应急预案是否需要修订作出结论。由于评估周期未做统一规定，为重点保证高风险行业预案的适用性，对其预案评估周

期做出了明确要求，即矿山、金属冶炼、建筑施工企业和易燃易爆物品、危险化学品等危险物品的生产、经营、储存企业、使用危险化学品达到国家规定数量的化工企业、烟花爆竹生产、批发经营企业和中型规模以上的其他生产经营单位，应当每 3 年进行一次应急预案评估。

2. 对应急预案需修订情形做出重大修正

旧《办法》对应急预案应当及时修订的情形进行了列举，但是有一些情形存在内容不适用、不完整、不准确的现象，新《办法》对此做出了重大修改，如明确“面临的事故风险发生重大变化的”“重要应急资源发生重大变化”等重要情形，此次调整更切合实际，更准确。

3. 改革有修必备制度，调整重新备案要求

旧《办法》是按照有修必备的原则要求应急预案重新备案，即生产经营单位只要预案有修订，就不仅要向有关部门报告，同时，要按应急预案报备程序重新备案。

新《办法》对此做出重大改革，只要求应急预案修订涉及组织指挥体系与职责、应急处置程序、主要处置措施、应急响应分级等重要内容变更的，修订后的预案才需重新备案。

第三节　应急预案监督管理

一、建立应急预案实战评估制度

为规范生产安全事故应急处置评估工作，总结和吸取应急处置经验教训，不断提高生产安全事故应急处置能力，持续改进应急准备工作，2014 年原国家安全生产监督管理总局印发了《生产安全事故应急处置评估暂行办法》。该办法要求，应急处置评估组对事故单位的评估，应当包括风险评估和应急资源调查情况、应急预案的编制、培训、演练、执行情况。据此规定，新《办

法》要求生产安全事故应急处置和应急救援结束后，事故发生单位应当对应急预案实施情况进行总结评估。

二、强化监督管理，严格执法检查

旧《办法》对于应急预案的监督管理只规定了一条：“对于在应急预案管理工作中做出显著成绩的单位和人员，安全生产监督管理部门、生产经营单位可以给予表彰和奖励”。

新《办法》遵循依法治安、严格执法理念，在旧《办法》单一监管措施的基础上，增加了更为有力的监管措施：一是要求各级安全生产监督管理部门和煤矿安全监察机构应当将生产经营单位应急预案工作纳入年度监督检查计划，明确检查的重点内容和标准，并严格按照计划开展执法检查；二是要求地方各级安全生产监督管理部门应当每年对应急预案的监督管理工作情况进行总结，并报上一级安全生产监督管理部门。

三、加大处罚力度，严格责任追究

对于责任追究，新《办法》从追责情形、追责对象、处罚力度方面进行了大幅强化。

1. 扩大法律责任追究情形

新《办法》的追责情形由旧《办法》的 3 种增加到 9 种，具体包括：

（1）未按照规定编制应急预案的；

（2）未按照规定定期组织应急预案演练的；

（3）在应急预案编制前未按照规定开展风险评估和应急资源调查的；

（4）未按照规定开展应急预案评审或者论证的；

（5）未按照规定进行应急预案备案的；

（6）事故风险可能影响周边单位、人员的，未将事故风险的性质、影响范围和应急防范措施告知周边单位和人员的；

(7) 未按照规定开展应急预案评估的；

(8) 未按照规定进行应急预案修订并重新备案的；

(9) 未落实应急预案规定的应急物资及装备的。

2. 扩大追责对象

旧《办法》只对生产经营单位的有关违法行为进行处罚。新《办法》对此做出重大调整，即不仅对生产经营单位违法行为进行追责，而且对还对有关责任人员进行经济处罚。

3. 加大处罚力度

旧《办法》只对违法单位进行警告、罚款、责令停产整顿、行政处罚4种类型的处罚。新《办法》对此做出重大变化，一是取消警告，直接进行经济处罚，责令限期改正。逾期未改正的，责令停产停业整顿，同时，增加罚款额度。二是加大处罚力度，特别是罚款额度较旧《办法》大大提高。如未按照规定定期组织应急预案演练的，责令限期改正，可以处5万元以下罚款；逾期未改正的，责令停产停业整顿，并处5万元以上10万元以下罚款，对直接负责的主管人员和其他直接责任人员处1万元以上2万元以下的罚款。而旧《办法》最高罚款上限为3万元。

应特别注意。新《办法》取消了旧《办法》对生产经营单位未制定应急预案或者未按照应急预案采取预防措施，导致事故救援不力或者造成严重后果的，责令停产停业整顿，并依法给予行政处罚的规定。新《办法》取消此规定，并非此种违法情形不再追责，而是与《安全生产法》《生产安全事故报告和调查处理条例》等进行了衔接。根据事故调查情况，依法另行追责。

总之，《办法》的修订是预案管理制度的重大改进，适应了新形势，新要求，体现了新理念、新方法，生产经营单位务必认真学习领会，严格贯彻执行，方可提高预案质量，保障高效实施，推进安全生产事故救援能力不断提高，有效遏制重特大事故发生，为经济建设、政治建设、社会建设、生态文明建设提供有力保障。

附件1 生产经营单位生产安全事故应急预案编制导则

（GB/T 29639—2013）

1 范围

本标准规定了生产经营单位编制生产安全事故应急预案（以下简称应急预案）的编制程序、体系构成以及综合应急预案、专项应急预案、现场处置方案和附件的主要内容。

本标准适用于生产经营单位的应急预案编制工作，其他社会组织和单位的应急预案编制可参照本标准执行。

2 规范性引用文件

下列文件对于本标准的应用是必不可少的。凡是注日期的引用文件，仅注日期的版本适用于本文件。凡是不注日期的引用文件，其最新版本（包括所有的修改单）适用于本文件。

GB/T 20000.4 标准化工作指南 第4部分：标准中涉及安全的内容

AQ/T 9007 生产安全事故应急演练指南

3 术语和定义

下列术语和定义适用于本文件。

3.1 应急预案 emergency plan

为有效预防和控制可能发生的事故，最大程度减少事故及其造成损害而预先制定的工作方案。

3.2　应急准备 emergency preparedness

针对可能发生的事故，为迅速、科学、有序地开展应急行动而预先进行的思想准备、组织准备和物资准备。

3.3　应急响应 emergency response

针对发生的事故，有关组织或人员采取的应急行动。

3.4　应急救援 emergency rescue

在应急响应过程中，为最大限度地降低事故造成的损失或危害，防止事故扩大，而采取的紧急措施或行动。

3.5　应急演练 emergency exercise

针对可能发生的事故情景，依据应急预案而模拟开展的应急活动。

4　应急预案编制程序

4.1　概述

生产经营单位编制应急预案包括成立应急预案编制工作组、资料收集、风险评估、应急能力评估、编制应急预案和应急预案评审6个步骤。

4.2　成立应急预案编制工作组

生产经营单位应结合本单位部门职能和分工，成立以单位主要负责人(或分管负责人)为组长，单位相关部门人员参加的应急预案编制工作组，明确工作职责和任务分工，制定工作计划，组织开展应急预案编制工作。

4.3　资料收集

应急预案编制工作组应收集与预案编制工作相关的法律法规、技术标准、应急预案、国内外同行业企业事故资料，同时收集本单位安全生产相关技术资料、周边环境影响、应急资源等有关资料。

4.4　风险评估

主要内容包括：

a）分析生产经营单位存在的危险因素，确定事故危险源；

b）分析可能发生的事故类型及后果，并指出可能产生的次生、衍生事故；

c）评估事故的危害程度和影响范围，提出风险防控措施。

4.5 应急能力评估

在全面调查和客观分析生产经营单位应急队伍、装备、物资等应急资源状况基础上开展应急能力评估，并依据评估结果，完善应急保障措施。

4.6 编制应急预案

依据生产经营单位风险评估及应急能力评估结果，组织编制应急预案。应急预案编制应注重系统性和可操作性，做到与相关部门和单位应急预案相衔接。应急预案编制格式和要求见附录A。

4.7 应急预案评审

应急预案编制完成后，生产经营单位应组织评审。评审分为内部评审和外部评审，内部评审由生产经营单位主要负责人组织有关部门和人员进行。外部评审由生产经营单位组织外部有关专家和人员进行评审。应急预案评审合格后，由生产经营单位主要负责人(或分管负责人)签发实施，并进行备案管理。

5 应急预案体系

5.1 概述

生产经营单位的应急预案体系主要由综合应急预案、专项应急预案和现场处置方案构成。生产经营单位应根据本单位组织管理体系、生产规模、危险源的性质以及可能发生的事故类型确定应急预案体系，并可根据本单位的实际情况，确定是否编制专项应急预案。风险因素单一的小微型生产经营单位可只编写现场处置方案。

5.2 综合应急预案

综合应急预案是生产经营单位应急预案体系的总纲，主要从总体上阐述事故的应急工作原则，包括生产经营单位的应急组织机构及职责、应急预案体系、事故风险描述、预警及信息报告、应急响应、保障措施、应急预案管理等内容。

5.3 专项应急预案

专项应急预案是生产经营单位为应对某一类型或某几种类型事故，或者针对重要生产设施、重大危险源、重大活动等内容而制定的应急预案。专项应急预案主要包括事故风险分析、应急指挥机构及职责、处置程序和措施等内容。

5.4 现场处置方案

现场处置方案是生产经营单位根据不同事故类别，针对具体的场所、装置或设施所制定的应急处置措施，主要包括事故风险分析、应急工作职责、应急处置和注意事项等内容。生产经营单位应根据风险评估、岗位操作规程以及危险性控制措施，组织本单位现场作业人员及相关专业人员共同进行编制现场处置方案。

6 综合应急预案主要内容

6.1 总则

6.1.1 编制目的

简述应急预案编制的目的。

6.1.2 编制依据

简述应急预案编制所依据的法律、法规、规章、标准和规范性文件以及相关应急预案等。

6.1.3 适用范围

说明应急预案适用的工作范围和事故类型、级别。

6.1.4 应急预案体系

说明生产经营单位应急预案体系的构成情况，可用框图形式表述。

6.1.5 应急工作原则

说明生产经营单位应急工作的原则，内容应简明扼要、明确具体。

6.2 事故风险描述

简述生产经营单位存在或可能发生的事故风险种类、发生的可能性以及严重程度及影响范围等。

6.3 应急组织机构及职责

明确生产经营单位的应急组织形式及组成单位或人员，可用结构图的形式表示，明确构成部门的职责。应急组织机构根据事故类型和应急工作需要，可设置相应的应急工作小组，并明确各小组的工作任务及职责。

6.4 预警及信息报告

6.4.1 预警

根据生产经营单位监测监控系统数据变化状况、事故险情紧急程度和发展势态或有关部门提供的预警信息进行预警，明确预警的条件、方式、方法和信息发布的程序。

6.4.2 信息报告

按照有关规定，明确事故及事故险情信息报告程序，主要包括：

a）信息接收与通报

明确24小时应急值守电话、事故信息接收、通报程序和责任人。

b）信息上报

明确事故发生后向上级主管部门或单位报告事故信息的流程、内容、时限和责任人。

c）信息传递

明确事故发生后向本单位以外的有关部门或单位通报事故信息的方法、程序和责任人。

6.5 应急响应

6.5.1 响应分级

针对事故危害程度、影响范围和生产经营单位控制事态的能力，对事故应急响应进行分级，明确分级响应的基本原则。

6.5.2 响应程序

根据事故级别和发展态势，描述应急指挥机构启动、应急资源调配、应急救援、扩大应急等响应程序。

6.5.3 处置措施

针对可能发生的事故风险、事故危害程度和影响范围，制定相应的应急处置措施，明确处置原则和具体要求。

6.5.4 应急结束

明确现场应急响应结束的基本条件和要求。

6.6 信息公开

明确向有关新闻媒体、社会公众通报事故信息的部门、负责人和程序以及通报原则。

6.7 后期处置

主要明确污染物处理、生产秩序恢复、医疗救治、人员安置、善后赔偿、应急救援评估等内容。

6.8 保障措施

6.8.1 通信与信息保障

明确与可为本单位提供应急保障的相关单位或人员通信联系方式和方法，并提供备用方案。同时，建立信息通信系统及维护方案，确保应急期间信息通畅。

6.8.2 应急队伍保障

明确应急响应的人力资源，包括应急专家、专业应急队伍、兼职应急队伍等。

6.8.3 物资装备保障

明确生产经营单位的应急物资和装备的类型、数量、性能、存放位置、运输及使用条件、管理责任人及其联系方式等内容。

6.8.4 其他保障

根据应急工作需求而确定的其他相关保障措施(如:经费保障、交通运输保障、治安保障、技术保障、医疗保障、后勤保障等)。

6.9 应急预案管理

6.9.1 应急预案培训

明确对本单位人员开展的应急预案培训计划、方式和要求,使有关人员了解相关应急预案内容,熟悉应急职责、应急程序和现场处置方案。如果应急预案涉及社区和居民,要做好宣传教育和告知等工作。

6.9.2 应急预案演练

明确生产经营单位不同类型应急预案演练的形式、范围、频次、内容以及演练评估、总结等要求。

6.9.3 应急预案修订

明确应急预案修订的基本要求,并定期进行评审,实现可持续改进。

6.9.4 应急预案备案

明确应急预案的报备部门,并进行备案。

6.9.5 应急预案实施

明确应急预案实施的具体时间、负责制定与解释的部门。

7 专项应急预案主要内容

7.1 事故风险分析

针对可能发生的事故风险,分析事故发生的可能性以及严重程度、影响范围等。

7.2 应急指挥机构及职责

根据事故类型,明确应急指挥机构总指挥、副总指挥以及各成员单位或人员的具体职责。应急指挥机构可以设置相应的应急救援工作小组,明确各小组的工作任务及主要负责人职责。

7.3 处置程序

明确事故及事故险情信息报告程序和内容，报告方式和责任人等内容。根据事故响应级别，具体描述事故接警报告和记录、应急指挥机构启动、应急指挥、资源调配、应急救援、扩大应急等应急响应程序。

7.4 处置措施

针对可能发生的事故风险、事故危害程度和影响范围，制定相应的应急处置措施，明确处置原则和具体要求。

8 现场处置方案主要内容

8.1 事故风险分析

主要包括：

a）事故类型；

b）事故发生的区域、地点或装置的名称；

c）事故发生的可能时间、事故的危害严重程度及其影响范围；

d）事故前可能出现的征兆；

e）事故可能引发的次生、衍生事故。

8.2 应急工作职责

根据现场工作岗位、组织形式及人员构成，明确各岗位人员的应急工作分工和职责。

8.3 应急处置

主要包括以下内容：

a）事故应急处置程序。根据可能发生的事故及现场情况，明确事故报警、各项应急措施启动、应急救护人员的引导、事故扩大及同生产经营单位应急预案的衔接的程序。

b）现场应急处置措施。针对可能发生的火灾、爆炸、危险化学品泄漏、坍塌、水患、机动车辆伤害等，从人员救护、工艺操作、事故控制，消防、现场恢复等方面制定明确的应急处置措施。

c）明确报警负责人以及报警电话及上级管理部门、相关应急救援单位联络方式和联系人员，事故报告基本要求和内容。

8.4 注意事项

主要包括：

a）佩戴个人防护器具方面的注意事项；

b）使用抢险救援器材方面的注意事项；

c）采取救援对策或措施方面的注意事项；

d）现场自救和互救注意事项；

e）现场应急处置能力确认和人员安全防护等事项；

f）应急救援结束后的注意事项；

g）其他需要特别警示的事项。

9 附件

9.1 有关应急部门、机构或人员的联系方式

列出应急工作中需要联系的部门、机构或人员的多种联系方式，当发生变化时及时进行更新。

9.2 应急物资装备的名录或清单

列出应急预案涉及的主要物资和装备名称、型号、性能、数量、存放地点、运输和使用条件、管理责任人和联系电话等。

9.3 规范化格式文本

应急信息接报、处理、上报等规范化格式文本。

9.4 关键的路线、标识和图纸

主要包括：

a）警报系统分布及覆盖范围；

b）重要防护目标、危险源一览表、分布图；

c）应急指挥部位置及救援队伍行动路线；

d）疏散路线、警戒范围、重要地点等的标识；

e）相关平面布置图纸、救援力量的分布图纸等。

9.5 有关协议或备忘录

列出与相关应急救援部门签订的应急救援协议或备忘录。

附录 A

(资料性附录)

应急预案编制格式和要求

A.1 封面

应急预案封面主要包括应急预案编号、应急预案版本号、生产经营单位名称、应急预案名称、编制单位名称、颁布日期等内容。

A.2 批准页

应急预案应经生产经营单位主要负责人(或分管负责人)批准方可发布。

A.3 目次

应急预案应设置目次，目次中所列的内容及次序如下：

——批准页；

——章的编号、标题；

——带有标题的条的编号、标题(需要时列出)；

——附件，用序号表明其顺序。

A.4 印刷与装订

应急预案推荐采用 A4 版面印刷，活页装订。

附件2 生产安全事故应急预案管理办法

（国家安全生产监督管理总局令第 88 号，2016 年）

第一章　总　则

第一条　为规范生产安全事故应急预案管理工作，迅速有效处置生产安全事故，依据《中华人民共和国突发事件应对法》、《中华人民共和国安全生产法》等法律和《突发事件应急预案管理办法》(国办发〔2013〕101 号)，制定本办法。

第二条　生产安全事故应急预案(以下简称应急预案)的编制、评审、公布、备案、宣传、教育、培训、演练、评估、修订及监督管理工作，适用本办法。

第三条　应急预案的管理实行属地为主、分级负责、分类指导、综合协调、动态管理的原则。

第四条　国家安全生产监督管理总局负责全国应急预案的综合协调管理工作。

县级以上地方各级安全生产监督管理部门负责本行政区域内应急预案的综合协调管理工作。县级以上地方各级其他负有安全生产监督管理职责的部门按照各自的职责负责有关行业、领域应急预案的管理工作。

第五条　生产经营单位主要负责人负责组织编制和实施本单位的应急预案，并对应急预案的真实性和实用性负责；各分管负责人应当按照职责分工落实应急预案规定的职责。

第六条　生产经营单位应急预案分为综合应急预案、专项应急预案和现场处置方案。

综合应急预案，是指生产经营单位为应对各种生产安全事故而制定的综合性工作方案，是本单位应对生产安全事故的总体工作程序、措施和应急预案体系的总纲。

专项应急预案，是指生产经营单位为应对某一种或者多种类型生产安全事故，或者针对重要生产设施、重大危险源、重大活动防止生产安全事故而制定的专项性工作方案。

现场处置方案，是指生产经营单位根据不同生产安全事故类型，针对具体场所、装置或者设施所制定的应急处置措施。

第二章　应急预案的编制

第七条　应急预案的编制应当遵循以人为本、依法依规、符合实际、注重实效的原则，以应急处置为核心，明确应急职责、规范应急程序、细化保障措施。

第八条　应急预案的编制应当符合下列基本要求：

（一）有关法律、法规、规章和标准的规定；

（二）本地区、本部门、本单位的安全生产实际情况；

（三）本地区、本部门、本单位的危险性分析情况；

（四）应急组织和人员的职责分工明确，并有具体的落实措施；

（五）有明确、具体的应急程序和处置措施，并与其应急能力相适应；

（六）有明确的应急保障措施，满足本地区、本部门、本单位的应急工作需要；

（七）应急预案基本要素齐全、完整，应急预案附件提供的信息准确；

（八）应急预案内容与相关应急预案相互衔接。

第九条　编制应急预案应当成立编制工作小组，由本单位有关负责人任组长，吸收与应急预案有关的职能部门和单位的人员，以及有现场处置经验的人员参加。

第十条 编制应急预案前，编制单位应当进行事故风险评估和应急资源调查。

事故风险评估，是指针对不同事故种类及特点，识别存在的危险危害因素，分析事故可能产生的直接后果以及次生、衍生后果，评估各种后果的危害程度和影响范围，提出防范和控制事故风险措施的过程。

应急资源调查，是指全面调查本地区、本单位第一时间可以调用的应急资源状况和合作区域内可以请求援助的应急资源状况，并结合事故风险评估结论制定应急措施的过程。

第十一条 地方各级安全生产监督管理部门应当根据法律、法规、规章和同级人民政府以及上一级安全生产监督管理部门的应急预案，结合工作实际，组织编制相应的部门应急预案。

部门应急预案应当根据本地区、本部门的实际情况，明确信息报告、响应分级、指挥权移交、警戒疏散等内容。

第十二条 生产经营单位应当根据有关法律、法规、规章和相关标准，结合本单位组织管理体系、生产规模和可能发生的事故特点，确立本单位的应急预案体系，编制相应的应急预案，并体现自救互救和先期处置等特点。

第十三条 生产经营单位风险种类多、可能发生多种类型事故的，应当组织编制综合应急预案。

综合应急预案应当规定应急组织机构及其职责、应急预案体系、事故风险描述、预警及信息报告、应急响应、保障措施、应急预案管理等内容。

第十四条 对于某一种或者多种类型的事故风险，生产经营单位可以编制相应的专项应急预案，或将专项应急预案并入综合应急预案。

专项应急预案应当规定应急指挥机构与职责、处置程序和措施等内容。

第十五条 对于危险性较大的场所、装置或者设施，生产经营单位应当编制现场处置方案。

现场处置方案应当规定应急工作职责、应急处置措施和注意事项等内容。

事故风险单一、危险性小的生产经营单位，可以只编制现场处置方案。

第十六条 生产经营单位应急预案应当包括向上级应急管理机构报告的内容、应急组织机构和人员的联系方式、应急物资储备清单等附件信息。附件信息发生变化时，应当及时更新，确保准确有效。

第十七条 生产经营单位组织应急预案编制过程中，应当根据法律、法规、规章的规定或者实际需要，征求相关应急救援队伍、公民、法人或其他组织的意见。

第十八条 生产经营单位编制的各类应急预案之间应当相互衔接，并与相关人民政府及其部门、应急救援队伍和涉及的其他单位的应急预案相衔接。

第十九条 生产经营单位应当在编制应急预案的基础上，针对工作场所、岗位的特点，编制简明、实用、有效的应急处置卡。

应急处置卡应当规定重点岗位、人员的应急处置程序和措施，以及相关联络人员和联系方式，便于从业人员携带。

第三章 应急预案的评审、公布和备案

第二十条 地方各级安全生产监督管理部门应当组织有关专家对本部门编制的部门应急预案进行审定；必要时，可以召开听证会，听取社会有关方面的意见。

第二十一条 矿山、金属冶炼、建筑施工企业和易燃易爆物品、危险化学品的生产、经营(带储存设施的，下同)、储存企业，以及使用危险化学品达到国家规定数量的化工企业、烟花爆

竹生产、批发经营企业和中型规模以上的其他生产经营单位，应当对本单位编制的应急预案进行评审，并形成书面评审纪要。

前款规定以外的其他生产经营单位应当对本单位编制的应急预案进行论证。

第二十二条 参加应急预案评审的人员应当包括有关安全生产及应急管理方面的专家。

评审人员与所评审应急预案的生产经营单位有利害关系的，应当回避。

第二十三条 应急预案的评审或者论证应当注重基本要素的完整性、组织体系的合理性、应急处置程序和措施的针对性、应急保障措施的可行性、应急预案的衔接性等内容。

第二十四条 生产经营单位的应急预案经评审或者论证后，由本单位主要负责人签署公布，并及时发放到本单位有关部门、岗位和相关应急救援队伍。

事故风险可能影响周边其他单位、人员的，生产经营单位应当将有关事故风险的性质、影响范围和应急防范措施告知周边的其他单位和人员。

第二十五条 地方各级安全生产监督管理部门的应急预案，应当报同级人民政府备案，并抄送上一级安全生产监督管理部门。

其他负有安全生产监督管理职责的部门的应急预案，应当抄送同级安全生产监督管理部门。

第二十六条 生产经营单位应当在应急预案公布之日起20个工作日内，按照分级属地原则，向安全生产监督管理部门和有关部门进行告知性备案。

中央企业总部（上市公司）的应急预案，报国务院主管的负有安全生产监督管理职责的部门备案，并抄送国家安全生产监督管理总局；其所属单位的应急预案报所在地的省、自治区、直辖市或者设区的市级人民政府主管的负有安全生产监督管理职责的部门备案，并抄送同级安全生产监督管理部门。

前款规定以外的非煤矿山、金属冶炼和危险化学品生产、经营、储存企业，以及使用危险化学品达到国家规定数量的化工企业、烟花爆竹生产、批发经营企业的应急预案，按照隶属关系报所在地县级以上地方人民政府安全生产监督管理部门备案；其他生产经营单位应急预案的备案，由省、自治区、直辖市人民政府负有安全生产监督管理职责的部门确定。

油气输送管道运营单位的应急预案，除按照本条第一款、第二款的规定备案外，还应当抄送所跨行政区域的县级安全生产监督管理部门。

煤矿企业的应急预案除按照本条第一款、第二款的规定备案外，还应当抄送所在地的煤矿安全监察机构。

第二十七条 生产经营单位申报应急预案备案，应当提交下列材料：

（一）应急预案备案申报表；

（二）应急预案评审或者论证意见；

（三）应急预案文本及电子文档；

（四）风险评估结果和应急资源调查清单。

第二十八条 受理备案登记的负有安全生产监督管理职责的部门应当在5个工作日内对应急预案材料进行核对，材料齐全的，应当予以备案并出具应急预案备案登记表；材料不齐全的，不予备案并一次性告知需要补齐的材料。逾期不予备案又不说明理由的，视为已经备案。

对于实行安全生产许可的生产经营单位，已经进行应急预案备案的，在申请安全生产许可证时，可以不提供相应的应急预案，仅提供应急预案备案登记表。

第二十九条 各级安全生产监督管理部门应当建立应急预案备案登记建档制度，指导、督促生产经营单位做好应急预案的备案登记工作。

第四章 应急预案的实施

第三十条 各级安全生产监督管理部门、各类生产经营单位应当采取多种形式开展应急预案的宣传教育，普及生产安全事故避险、自救和互救知识，提高从业人员和社会公众的安全意识与应急处置技能。

第三十一条 各级安全生产监督管理部门应当将本部门应急预案的培训纳入安全生产培训工作计划，并组织实施本行政区域内重点生产经营单位的应急预案培训工作。

生产经营单位应当组织开展本单位的应急预案、应急知识、自救互救和避险逃生技能的培训活动，使有关人员了解应急预案内容，熟悉应急职责、应急处置程序和措施。

应急培训的时间、地点、内容、师资、参加人员和考核结果等情况应当如实记入本单位的安全生产教育和培训档案。

第三十二条 各级安全生产监督管理部门应当定期组织应急预案演练，提高本部门、本地区生产安全事故应急处置能力。

第三十三条 生产经营单位应当制定本单位的应急预案演练计划，根据本单位的事故风险特点，每年至少组织一次综合应急预案演练或者专项应急预案演练，每半年至少组织一次现场处置方案演练。

第三十四条 应急预案演练结束后，应急预案演练组织单位应当对应急预案演练效果进行评估，撰写应急预案演练评估报告，分析存在的问题，并对应急预案提出修订意见。

第三十五条 应急预案编制单位应当建立应急预案定期评估制度，对预案内容的针对性和实用性进行分析，并对应急预案是否需要修订作出结论。

矿山、金属冶炼、建筑施工企业和易燃易爆物品、危险化学品等危险物品的生产、经营、储存企业、使用危险化学品达到国家规定数量的化工企业、烟花爆竹生产、批发经营企业和中型规模以上的其他生产经营单位，应当每三年进行一次应急预案评估。

应急预案评估可以邀请相关专业机构或者有关专家、有实际应急救援工作经验的人员参加，必要时可以委托安全生产技术服务机构实施。

第三十六条 有下列情形之一的，应急预案应当及时修订并归档：

（一）依据的法律、法规、规章、标准及上位预案中的有关规定发生重大变化的；

（二）应急指挥机构及其职责发生调整的；

（三）面临的事故风险发生重大变化的；

（四）重要应急资源发生重大变化的；

（五）预案中的其他重要信息发生变化的；

（六）在应急演练和事故应急救援中发现问题需要修订的；

（七）编制单位认为应当修订的其他情况。

第三十七条 应急预案修订涉及组织指挥体系与职责、应急处置程序、主要处置措施、应急响应分级等内容变更的，修订工作应当参照本办法规定的应急预案编制程序进行，并按照有关应急预案报备程序重新备案。

第三十八条 生产经营单位应当按照应急预案的规定，落实应急指挥体系、应急救援队伍、应急物资及装备，建立应急物资、装备配备及其使用档案，并对应急物资、装备进行定期检测和维护，使其处于适用状态。

第三十九条 生产经营单位发生事故时，应当第一时间启动应急响应，组织有关力量进行救援，并按照规定将事故信息及应急响应启动情况报告安全生产监督管理部门和其他负有安全生产监督管理职责的部门。

第四十条 生产安全事故应急处置和应急救援结束后，事故发生单位应当对应急预案实施情况进行总结评估。

第五章　监督管理

第四十一条　各级安全生产监督管理部门和煤矿安全监察机构应当将生产经营单位应急预案工作纳入年度监督检查计划，明确检查的重点内容和标准，并严格按照计划开展执法检查。

第四十二条　地方各级安全生产监督管理部门应当每年对应急预案的监督管理工作情况进行总结，并报上一级安全生产监督管理部门。

第四十三条　对于在应急预案管理工作中做出显著成绩的单位和人员，安全生产监督管理部门、生产经营单位可以给予表彰和奖励。

第六章　法律责任

第四十四条　生产经营单位有下列情形之一的，由县级以上安全生产监督管理部门依照《中华人民共和国安全生产法》第九十四条的规定，责令限期改正，可以处5万元以下罚款；逾期未改正的，责令停产停业整顿，并处5万元以上10万元以下罚款，对直接负责的主管人员和其他直接责任人员处1万元以上2万元以下的罚款：

（一）未按照规定编制应急预案的；

（二）未按照规定定期组织应急预案演练的。

第四十五条　生产经营单位有下列情形之一的，由县级以上安全生产监督管理部门责令限期改正，可以处1万元以上3万元以下罚款：

（一）在应急预案编制前未按照规定开展风险评估和应急资源调查的；

（二）未按照规定开展应急预案评审或者论证的；

（三）未按照规定进行应急预案备案的；

（四）事故风险可能影响周边单位、人员的，未将事故风险的性质、影响范围和应急防范措施告知周边单位和人员的；

（五）未按照规定开展应急预案评估的；

（六）未按照规定进行应急预案修订并重新备案的；

（七）未落实应急预案规定的应急物资及装备的。

第七章　附则

第四十六条　《生产经营单位生产安全事故应急预案备案申报表》和《生产经营单位生产安全事故应急预案备案登记表》由国家安全生产应急救援指挥中心统一制定。

第四十七条　各省、自治区、直辖市安全生产监督管理部门可以依据本办法的规定，结合本地区实际制定实施细则。

第四十八条　本办法自 2016 年 7 月 1 日起施行。

参 考 文 献

[1] [德]弗·巴尔特克纳西特．爆炸过程和防护措施[M]．何宏达，翁德庆，译．北京：化学工业出版社，1985.

[2] 崔克清．安全工程大辞典[M]．北京：化学工业出版社，1995.

[3] 李景惠．化工安全技术基础[M]．北京：化学工业出版社，1995.

[4] 冯肇瑞杨有启．化工安全技术手册[M]．北京：化学工业出版社，1997.

[5] 赵正宏．德国化工园区应急管理借鉴[J]．劳动保护，2016，2.

[6] 赵正宏．提高预案质量，保障高效实施[J]．劳动保护，2016，10.

[7] 赵正宏．危化品事故救援的原则程序方法[J]．现代职业安全，2016，1.

[8] 赵正宏．企业应急预案质量低下的成因分析与提升对策[J]．现代职业安全，2016，10.

[9] 赵正宏．如何提高安全生产专项整治成效[J]．劳动保护，2017，4.

[10] 赵正宏．采取针对性措施，做到“七个到位”[N]．中国安全生产报，2017.6.21，6版．